Viktor J. Bruckman (Hg.)

Ludwig Salvator (1847–1915) Erzherzog von Österreich

T0133227

Interdisciplinary Perspectives No. 3 (2018)

Interdisciplinary Perspectives ist eine Publikationsreihe
der Kommission für Interdisziplinäre Ökolgische Studien &
der Kommission Klima und Luftqualität
der Österreichischen Akademie der Wissenschaften,
Dr. Ignaz Seipel-Platz 2, 1010 Wien

Serienherausgeber:
Viktor J. Bruckman, Ernst Bruckmüller, Martin Gerzabek,
Gerhard Glatzel, Marianne Popp und Verena Winiwarter

VERLAG DER
ÖSTERREICHISCHEN
AKADEMIE DER
WISSENSCHAFTEN

Ludwig Salvator (1847–1915) Erzherzog von Österreich

Dokumentation der Vorträge des Kerner-von-Marilaun-Symposiums anlässlich seines 100. Todesjahres

Herausgegeben von Viktor J. Bruckman

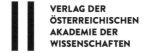

VERLAG DER
ÖSTERREICHISCHEN
AKADEMIE DER
WISSENSCHAFTEN

Angenommen durch die Publikationskommission der mathematisch-naturwissenschaftlichen Klasse der Österreichischen Akademie der Wissenschaften:

Accepted by the Publication Committee of the Division of Mathematics and the Natural Sciences of the Austrian Academy of Sciences:

Friedrich Barth, Georg Brasseur, Karlheinz Erb, Josef Smolen, Christoph Spötl, Michael Wagner und Anton Zeilinger

Diese Publikation wurde einem anonymen, internationalen Peer-Review-Verfahren unterzogen.

This publication has undergone the process of anonymous, international peer review.

Bibliografische Information der Deutschen Nationalbibliothek:

Die Deutsche Nationalbibliothek verzeichnet diese Publikation in der Deutschen Nationalbibliografie, detaillierte bibliografische Daten sind im Internet über http://dnb.d-nb.de abrufbar.

Bildrechte Buchumschlag / Cover photo credits: Viktor J. Bruckman, Gerhard Glatzel, Uwe Hermann – Wikimedia Commons und Raphaela Perl. Satz / Layout: Karin Windsteig. Lektorat / Copy-editing: Jürgen Ehrmann.

ISBN 978-3-7001-7993-1
Copyright © 2018 by
Österreichische Akademie der Wissenschaften, Wien
Druck und Bindung: Druckerei Prime Rate Kft., HU–1044 Budapest
https://epub.oeaw.ac.at/7993-1
https://verlag.oeaw.ac.at

Vorwort

Der vorliegende Band lädt dazu ein, das Symposium zu Ehren von Erzherzog Ludwig Salvator Revue passieren zu lassen, das am 26. November 2015 an der Österreichischen Akademie der Wissenschaften (ÖAW) in Wien stattgefunden hat, und ist daher als Dokumentation der Vorträge eines Symposiums zu verstehen.

Die für die Organisation verantwortliche Kommission für Interdisziplinäre Ökologische Studien (KIÖS) geht in ihrer Kerner-von-Marilaun Veranstaltungsreihe grundsätzlich auf komplexe ökologische Fragestellungen ein, die umfassender und interdisziplinärer Herangehensweisen bedürfen. Dabei stehen stets der Mensch und seine vielfältigen Beziehungen zur Umwelt im Mittelpunkt. In den vergangenen Jahren zeigte sich, dass Umweltschutz und die nachhaltige Ressourcennutzung eine zentrale Komponente für die langfristige Existenz der Menschheit ist und nicht selten Konflikte ihren eigentlichen Ursprung in dem Verlust von Ökosystemdienstleistungen haben. Nicht zuletzt deshalb setzt sich die Kommission für vernetztes Denken, für eine Zusammenschau von technischen, ökologischen und sozioökonomischen Disziplinen ein, die es mitunter ermöglichen, zu ganz neuen, innovativen und vielversprechenden Lösungsansätzen zu gelangen. Dazu braucht es Mut und kreative Vordenker, wie es einst Ludwig Salvator war. Er legte besonderen Wert auf das kulturelle Erbe des Mittelmeerraumes, in dem er beispielsweise Märchen aus Mallorca sammelte oder sich mit glagolitischen Inschriften beschäftigte. Gleichzeitig dokumentierte er akribisch in Zeichnungen und umfangreichen Texten die Flora und Fauna, beschrieb die Geologie, aber auch Landwirtschaft und das Gewerbe, was sein Interesse an den Wechselwirkungen zwischen Umwelt und Gesellschaft zeigt. Sein strukturierter Zugang zeigt sich insbesondere in der Entwicklung des umfassenden demografisch-geografischen Fragenkataloges, der „Tabulae Ludovicianae". Er befragte damit Vertreter der lokalen Bevölkerung und legte die Ergebnisse gemeinsam mit seinen eigenen Beobachtungen systematisch in seinen Werken dar. Im Laufe seines Wirkens hat er eine beachtliche Anzahl davon publiziert; einige gelten bis in unsere Gegenwart als Standardwerk. Dies ist mit Sicherheit ein Beleg für seine umsichtige und für seine Zeit innovative Vordenkerrolle, die selbst heute noch zu faszinieren vermag.

Ziel dieses vorliegenden Symposiumbandes ist es, einen Überblick über das Leben und Wirken eines umtriebigen Erzherzogs aus unterschiedlichen Blickwinkeln zu bieten. Dabei wird nicht der Anspruch auf eine umfassende wissenschaftsgeschichtliche Aufarbeitung der letzten Jahrzehnte gestellt und auch nicht jener eines Vergleiches mit anderen Forschungsreisenden im 19. Jahrhundert. Vielmehr soll die besondere Rolle von Erzherzog Ludwig Salvator als Vordenker und Wegbereiter für die interdisziplinäre Forschung und Dokumentation von Umwelt und Gesellschaft dargestellt werden. Die

Beiträge dokumentieren die im November 2015 an der ÖAW gehaltenen Referate. Dabei wurden die Vortragenden ermutigt, durchaus unkonventionelle Zugänge – ganz im Sinne des Jubilars – zu wählen und aus der jeweiligen langjährigen Erfahrung und dem eigenen Hintergrund zu schöpfen.

Der Beitrag von Dr. Eva Gregorovičová ist hier eine Ausnahme, weil dieser auf eine Initiative des beim Symposium anwesenden Publikums in den Band aufgenommen wurde. In den letzten Jahren wurde das im Nationalarchiv Prag vorhandene umfangreiche Archiv des Erzherzogs erforscht, und daher können Inhalt und Struktur dieses Archives in dem vorliegenden Beitrag erstmalig dargestellt werden, mit dem Ziel, eine Informationsquelle zu bieten, die für weitere Arbeiten zur Verfügung steht.

Der Herausgeber fühlt sich verpflichtet, den Gutachtern für ihre konstruktive Kritik zu danken. Sie war für den vorliegenden Band besonders wertvoll. Des Weiteren gebührt den Autoren Dank für die hervorragende Zusammenarbeit und ihre Geduld, den Organisatoren des Symposiums und Mitgliedern der Kommission für Interdisziplinäre Ökologische Studien sowie der Publikationskommission für die tatkräftige Unterstützung während des gesamten Prozesses der Erstellung dieses Werkes. Frau Karin Windsteig danke ich für die grafische Gestaltung.

Dr. Viktor J. Bruckman, Herausgeber
Interdisciplinary Perspectives
Wien, im September 2018

Einleitung

Erzherzog Ludwig Salvator, 1898. Foto: Ludwig-Salvator-Gesellschaft.

Am 12. Oktober 2015 jährte sich zum 100. Mal der Sterbetag jenes Erzherzogs von Österreich (Prinz von der Toskana) und Ehrenmitglieds der Österreichischen Akademie der Wissenschaften (ÖAW), der sein gesamtes Leben und Wirken in den Dienst der Wissenschaft und der interdisziplinären Dokumentation des Mittelmeerraumes stellte. Während er zu seinen Lebzeiten in internationalen wissenschaftlichen Kreisen hohes Ansehen genoss, für seine Arbeiten namhafte Auszeichnungen – unter anderem die nur selten verliehene Hauer-Medaille der Österreichischen Geographischen Gesellschaft – erhielt und seine Publikationen laufend besprochen wurden, geriet sein enormes panmediterranes Werk nach seinem Tod nahezu vollständig in Vergessenheit.

Im Rahmen eines Kerner-von-Marilaun-Symposiums gedachte die Kommission für Interdisziplinäre Ökologische Studien (KIÖS) der ÖAW am 26. November 2015 dieser hervorragenden Persönlichkeit. Es wurden nicht nur Aspekte seiner Arbeit eingehender betrachtet, sondern auch Bezüge zur aktuellen Leistung der österreichischen Wissenschaft im Mittelmeerraum sichtbar gemacht.

Doch wie wurde ausgerechnet ein Mitglied der österreichischen Kaiserfamilie, deren männliche Mitglieder sich zumeist mit militärischen und politischen Aufgaben befassten, zum Universalgelehrten und Mittelmeerforscher?

Bei den in der Toskana als Sekundogenitur des Hauses Habsburg-Lothringen regierenden Großherzögen war das Interesse an den Naturwissenschaften besonders ausgeprägt, und sie förderten auch großzügig deren Entwicklung. Der am 4. August 1847 in Florenz geborene Ludwig Salvator wurde als zweitjüngster Sohn des letzten regierenden Großherzogs Leopold II. aufgrund seiner außerordentlichen Begabungen bereits ab dem siebenten Lebensjahr primär für einen naturwissenschaftlich orientierten Lebensweg erzogen und ausgebildet. Mit spezieller kaiserlicher Genehmigung absolvierte er ein fünfjähriges Studium irregulare mittels Privatvorträgen namhafter Professoren der Karl-Ferdinands-Universität in Prag in den Fächern Botanik, Zoologie, Mineralogie, Mathematik und Rechtswissenschaften. Zudem wurde er in zahlreichen Sprachen sowie in der Malerei und im Zeichnen ausgebildet. Noch in seiner Studienzeit entwickelte er einen dreisprachigen, hundertseitigen topgrafisch-statistischen Fragebogen („Tabulae Ludovicianae"), den er als grundlegendes Arbeitsinstrument zur Erstellung seiner wissenschaftlichen Monografien über Inseln und Küstenstriche des Mediterrans einsetzte.

Mit seinem Forschungsschiff „Nixe", einer 50 Meter langen Dampfsegelyacht, die er als sein „eigentliches Zuhause" bezeichnete, bereiste er in rund vierzig Jahren kontinuierlich den gesamten Mittelmeerraum. Er umrundete einmal die Welt und durchquerte zweimal die USA. Ergebnis seiner rastlosen, disziplinierten Forschungstätigkeit waren mehr als 50 – teils mehrbändige – Werke, die aufeinander gestapelt einen Bücherturm von 2,35 Metern Höhe ergeben. Er zeigte keinerlei Interesse für höfisches Leben und Repräsentation, war fasziniert vom technischen Fortschritt und versuchte stets, den Menschen die Schönheit der Natur in all ihren Facetten nahezubringen.

Sein Monumentalwerk „Die Balearen. In Wort und Bild geschildert" (sieben Bände mit neun Büchern) stellt bis heute ein Standardwerk und eine unerreicht gebliebene interdisziplinäre Arbeit über diese bedeutsame Inselgruppe dar. Ähnlich meisterhafte Monografien verfasste er über die Liparischen und die Ionischen Inseln. Zahlreiche seiner Werke, inklusive Untersuchungen und Anregungen für infrastrukturelle Projekte, beschäftigen sich mit dem dalmatinischen Küstenland, der Levante und den nordafrikanischen Ländern des Mittelmeerraumes. Das besondere Interesse Ludwig Salvators galt dabei der Erforschung und Beschreibung kleiner, vielfach unbeachteter Inseln und ökologisch intakter Landstriche als Habitate traditionell-mediterraner Lebensformen. Zur Illustration seiner Arbeiten („Wort-Bild-Prinzip") fertigte er mehrere Tausend präzise Zeichnungen an.

Schon für Zeitgenossen war der habsburgische Universalgelehrte schwer einzuordnen, da er nicht Mitglied einer Wissenschaftscommunity war, privat publizierte und seine Arbeiten keinem strengen Duktus der jeweiligen Wissenschaftsdisziplin folgten. So weit wie möglich unter dem Pseudonym „Ludwig Neudorf" auftretend, bezeichnete er sich in der ihm eigenen, liebenswürdigen Bescheidenheit zumeist als „unbedeutenden Schriftsteller". Er korrespondierte jedoch laufend mit namhaften Wissenschaftlern und Künstlern, die er regelmäßig – auch mit ihren Studenten – zu Forschungen auf seine ausgedehnten, unter privatem Naturschutz stehenden Besitzungen auf Mallorca einlud.

Ludwig Salvator war bekennender Pazifist und stellte sich durch finanzielle Unterstützung der Friedensstiftung von Nobelpreisträgerin Bertha von Suttner als einziges Mitglied des Kaiserhauses offen in das pazifistische Lager.

Aufgrund der italienischen Kriegserklärung an Österreich musste der bereits schwer kranke Erzherzog sein zweites Domizil in Muggia bei Triest verlassen und sich auf das von seinem Vater geerbte böhmische Schloss Brandeis an der Elbe zurückziehen, wo er bis zu seinem Tod am 12. Oktober 1915 arbeitete. Sein letztes Werk erschien posthum.

Das Faszinosum seiner Arbeit ergibt sich nicht nur aus der Menge der gesammelten und bearbeiteten Daten, sondern auch aus dem Umstand, dass die daraus geschaffenen Werke ein tiefgreifendes Verständnis des einzigartigen Lebens- und Kulturraumes Mittelmeer ermöglichen.

Dr. Wolfgang Löhnert
Ludwig-Salvator-Gesellschaft
Wien, im September 2018

Inhalt

Wolfgang Löhnert

Die naturwissenschaftlich geprägte Erziehung und das Studium
irregulare von Erzherzog Ludwig Salvator
als Grundlage seiner interdisziplinären Erforschung
des Mittelmeerraumes
Abstract...1
1. Kindheit und frühe Jugend in Florenz (1847–1859)..................................2
2. Späte Jugend in Venedig und Studium in Prag (1861–1870)...............15
3. Quellen...26
4. Literatur..26

Marianne Klemun

Erzherzog Ludwig Salvators „Wissenslandschaften"
Abstract...27
1. Einleitung..27
2. Wissensgenerierung, Registrierung und Dokumentation.........28
3. Beobachten und Ästhetisieren 35
4. Ausblick...41
5. Literatur..41

Reinhard Kikinger

Erzherzog Ludwig Salvator und seine Bedeutung für die
österreichische Meeresforschung
Abstract...46
1. Einleitung..46
2. Epochen der Meeresforschung...47
   2.1. Die Epoche der Expeditionen 47
   2.2. Die Epoche der Meeresstationen......................................48
   2.3. Die Epoche der Unterwasserforschung 49
   2.4. Erzherzog Ludwig Salvator im Kontext der österreichischen
        Meeresforschung...50
3. Literatur..52

Christian Gilli

Flora der Ionischen Inseln (Griechenland)
zur Zeit Ludwig Salvators und heute
Abstract...53
1. Die Ionischen Inseln...53
2. Ludwig Salvator und die Ionischen Inseln 55

3. Botanische Erforschung der Ionischen Inseln 57
4. Wiener Tradition 57
5. Das Flora-Ionica-Projekt 58
6. Wissenszuwachs über die Zeit 60
7. Zusammenfassung 61
8. Literatur 62

Gerhard L. Fasching
Von den „Tabulae Ludovicianae" 1869 zur heutigen geografischen Informationstechnologie
Erzherzog Ludwig Salvator als geografischer Feldforscher sowie Vordenker moderner geografischer Landeskunde und interdisziplinärer Landschaftsökologie

Abstract 64
1. Vorbemerkungen 65
2. Die Wurzeln der geografischen Landeskunde 67
3. Die „Tabulae Ludovicianae" 1869 69
    3.1. Entstehung und Konzept 69
    3.2. Aufbau und Auswertung 72
    3.3. Korrelationen zu den heutigen Wissenschaftsdisziplinen 74
    3.4. Würdigung der „Tabulae" und Verbleib des Grundmaterials 75
4. Geografisch-landeskundliches Schema 78
5. Geografische Informationstechnologie 80
6. Landschaftsökologie 82
7. Forschung und Friedensdividende 83
8. Schlussbemerkung 85
9. Literatur 85
Anhang 1 – „Tabulae Ludovicianae" 87
Anhang 2 – Zuordnung ÖFOS 104

Eva Gregorovičová (unter Mitwirkung von Jan Kahuda)
Das Archiv des Erzherzogs Ludwig Salvator im Prager Nationalarchiv

Abstract 108
1. Einleitung 108
2. Das Archiv von Leopold II., Großherzog der Toskana 110
3. Das Archiv von Ludwig Salvators Bruder, Ferdinand IV.,
    Großfürst der Toskana 111
4. Das Archiv des Erzherzogs „Ludwig Salvator" von Österreich 111
5. Struktur des Bestandteils Ludwig Salvator im Rahmen des
    „Familienarchivs der Habsburger/Toskana" im Nationalarchiv Prag ... 120
6. Literatur 121
7. Illustrationen 122

Anhang
Helga Schwendinger
Chronologie Erzherzog Ludwig Salvators 125

Personenverzeichnis 135

Index 139

Über die Autoren 142

*Erziehung muss generell dazu in der Lage sein, das Herz und den Geist des Schülers zu errei-
chen. Erziehung darf keine sterile akademische Übung sein, sondern hat die Förderung des
menschlichen Potenzials zum Ziel zu haben. Aus dieser Sicht kommt auch der Naturwissenschaft eine führende und nicht mehr zu vernachlässigende Rolle zu.*

(Vincenzo Antinori, 1839)

Die naturwissenschaftlich geprägte Erziehung und das Studium irregulare von Erzherzog Ludwig Salvator als Grundlage seiner interdisziplinären Erforschung des Mittelmeerraumes[*]

Wolfgang Löhnert

Abb. 1: Ludwig Salvator, Venedig um 1862. Foto: Nationalarchiv Prag.

Die Erziehung und das Studium von Erzherzog Ludwig Salvator, insbesondere das im
Auftrag seiner Eltern von Vincenzo Antinori angefertigte pädagogische Konzept, wurde in der bislang vorliegenden Literatur zumeist nur kursorisch behandelt. Diese Arbeit soll einen Beitrag zur besseren Kenntnis des heranwachsenden Erzherzogs, seiner
primär naturwissenschaftlich-humanistisch orientierten Erziehung und der ihn prägenden Lehrerpersönlichkeiten leisten. Sie ermöglicht ein tieferes Verständnis seiner
Persönlichkeit, seines interdisziplinär-panmediterranen Werkes und der von ihm voll-
zogenen Entwicklung zu einem der bedeutendsten Erforscher und Dokumentatoren
des Mittelmeerraumes.

[*] (Bis jetzt nicht publizierte Arbeit als Grundlage eines vom Verfasser am 26.6.2014
gehaltenen Vortrages in der „Real Academia de Estudios Historical" in Palma de
Mallorca).

1. Kindheit und frühe Jugend in Florenz (1847–1859)

Ludwig Salvator wurde als „Luigi Salvatore" am 4. August 1847 als zweitjüngster Sohn von Großherzog Leopold II. und dessen Gattin Maria Antonia von Neapel-Sizilien in Florenz geboren. Er führte den Titel eines österreichischen Erzherzogs und eines Prinzen der Toskana.[1] 110 Jahre davor hatte mit Großherzog Franz II.[2] Stephan von Lothringen die – nur durch die napoleonische Ära kurzfristig unterbrochene – Herrschaft von Mitgliedern des Hauses Habsburg-Lothringen über das Großherzogtum Toskana begonnen, die nach der Geburt von Ludwig Salvator nur noch weitere 12 Jahre andauern sollte.[3] Über die ersten Lebensjahre Ludwig Salvators ist relativ wenig bekannt.[4] Wie in der Familie Habsburg-

Abb. 2: Erste Porträtzeichnung des jungen Ludwig Salvator, unbekannter Künstler. Foto: Nationalmuseum Prag.

---

[1] Das in viele Linien verzweigte Haus Habsburg wurde durch das „Kaiserliche Österreichische Familienstatut" vom 3.2.1839 wieder der absoluten Oberhoheit des österreichischen Kaisers unterstellt. Deshalb wurde auch den Nachkommen der italienischen Sekundogenitur Habsburg-Toskana durch das Statut der Titel „Erzherzog von Österreich" zugesprochen (Heinz-Dieter Heimann: Die Habsburger. Dynastie und Kaiserreich, München, S. 17f.).

[2] Herzog Franz III. Stephan von Lothringen und Bar hatte im Frieden von Wien als Ersatz für den Verzicht auf seine Herrschaftsrechte in Lothringen anlässlich der Heirat mit Erzherzogin Maria Theresia von Österreich (1736) das nach dem Tod des letzten Medici-Großherzogs Gian Gastone erledigte Reichslehen der Toskana zugesprochen bekommen. Er wurde als Franz II. Großherzog der Toskana, ab 1740 neben seiner Gattin Maria Theresia Mitregent in den österreichischen Erblanden und ab 1745 als Franz I. Stephan zudem Kaiser des Heiligen Römischen Reiches.

[3] Nach dem Tod von Franz Stephan von Lothringen (1765) wurde das Großherzogtum Toskana als Secundogenitur (Nebenlinie) des Hauses Habsburg-Lothringen für den zweiten Sohn des Kaiserpaares und dessen Familie eingerichtet. Als Großherzöge folgten ihm (Peter) Leopold I. (1765–1790 reg. von 1790–1792 als Leopold II. römisch-deutscher Kaiser), dessen zweitgeborener Sohn Ferdinand III. (1791–1799/1801 und 1814–1824 reg.) und schließlich dessen zweitgeborener Sohn Leopold II. (1824–1859 reg.), der Vater Ludwig Salvators. Leopold II. dankte 1859 als Folge der durch einen Volksaufstand im Zuge des italienischen „Risorgimento" erzwungenen Flucht aus der Toskana zugunsten seines ältesten Sohnes Ferdinand IV. ab. Dieser lebte fortan mit seiner Familie im Salzburger Exil und verzichtete erst 1870 auf den nominell geführten Titel eines Großherzogs der Toskana.

[4] Aufschluss darüber geben allenfalls die im Nationalarchiv Prag liegenden – in italienischer Sprache verfassten – Tagebücher seines Vaters, Großherzog Leopolds II., die insgesamt noch einer historisch-wissenschaftlichen Aufarbeitung bedürfen.

Lothringen üblich, fand die Erziehung der Prinzessinnen und Prinzen bis zum vollendeten 6. Lebensjahr in der sogenannten „Kindskammer" statt und wurde sorgfältig ausgewählten Gouvernanten (genannt „Ajas") und Erziehern (genannt „Ajos") übertragen, welche diese gemäß den elterlichen Richtlinien ausführten. Eine dokumentierte Aja des kleinen „Luigi" war die französische Gräfin Laura de Brady, Hofdame seiner Mutter Großherzogin Maria Antonia. Sie kam bereits viele Jahre vor der Geburt Ludwigs an den florentinischen Hof und fungierte dort auch als Gouvernante anderer Geschwister.[5] Zu Luigi entwickelte sie jedoch eine besonders innige Beziehung, die noch über ihre Beschäftigung bei der Familie hinaus anhalten sollte.[6] Im florentinischen Palazzo Pitti fanden Kontakte zwischen Kindern und Eltern zumeist nur bei den gemeinsam und förmlich eingenommenen Essen sowie regelmäßigen Ausfahrten in verschiedene Medici-Villen in der Umgebung von Florenz und deren großartige Parkanlagen statt (Schwendinger 2005). Während sich der Vater nach dem Abendessen wieder seinen politischen Geschäften oder naturwissenschaftlichen Interessen widmete, blieb die Mutter zumeist bis zum Einschlafen bei den Kindern (Giunti 2009).

Besonderen Reiz für die kleinen Prinzessinnen und Prinzen boten die schon im 16. Jahrhundert von den Medici-Großherzögen angelegten und von den toskanischen Habsburgern ab Großherzog Pietro Leopoldo weiter ausgebauten Boboli-Gärten der Residenz. In diesem prachtvollen Freilichtmuseum, inmitten von römischen Skulpturen und Kunstwerken der großen Renaissance-Meister, künstlichen Grotten und Teichen, beeindruckenden Wasserspielen, dem Gewächshaus für Zitrusfrüchte, dem riesigen botanischen Garten „Giardino dei Semplici„ und einer kleinen Tiermenagerie verbrachten sie eine unbeschwerte Jugend. Von Ludwig Salvator, von seiner Familie zeitlebens mit dem ersten Taufnahmen „Luigi" genannt, ist überliefert, dass er sich bereits sehr früh und intensiver als seine Geschwister für die Natur interessierte und eine außerordentliche Neugier und Beobachtungsgabe für ihre verschiedenen Erscheinungsformen, seien es Pflanzen, Tiere oder Minerale, zeigte.[7]

Bereits mit fünf Jahren vermochte er das Alphabet leserlich zu schreiben und überraschte seine Mutter schon im Juni 1853 mit der selbst geschriebenen Tierfabel „Der Löwe und die Ratte" von Jean La Fontaine samt einer dazu pas-

---

5   Nicht bereits im Kindesalter verstorbene Geschwister von Ludwig Salvator waren Ferdinand IV. Salvator (1835–1908), Karl Salvator (1839–1892), Maria Luisa (1845–1917) und Johann Nepomuk Salvator (1852–1911/Todeserklärung/ab 1889 als „Johann Orth" lebend).

6   Die in französischer Sprache abgefassten Briefe Laura de Bradys an Erzherzog Ludwig Salvator liegen ebenfalls im Nationalarchiv Prag (RAT, dokumentace k Ludvíku Salvátorovi/Archivio familiare degli Asburgo Lorena – documentazione a Luigi Salvatore).

7   Nationalarchiv Prag, RAT, Leopold II./2, inv. č. 214 (Traccia).

senden, gelungenen Zeichnung.[8] Diese Schrift ist in französischer Sprache abgefasst, woraus zu ersehen ist, dass der kleine Luigi neben seiner Muttersprache Italienisch schon im Kindesalter – vermutlich durch Laura de Brady – in der französischen Sprache unterrichtet wurde.

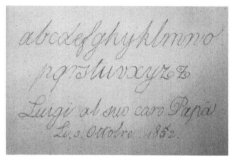

Abb. 3: Erstes Alphabet „Luigi an seinen lieben Papa", 1852. Foto: Nationalarchiv Prag.

Im selben Jahr, kurz nach Vollendung von Luigis 6. Geburtstag, beauftragten die großherzoglichen Eltern den Wissenschaftler und Direktor des „Imperiale e Reale Museo di Fisica e Storia Naturale di Firenze", Cavaliere Vincenzo Antinori, mit der Erstellung eines auf die Neigung ihres Sprösslings abgestimmten Erziehungsprogrammes.

Abb. 4: Zeichnung „Der Löwe und die Ratte", Illustration des kleinen Ludwig Salvator für seine Mutter. Foto: Nationalarchiv Prag.

Der 1792 geborene Antinori war ein berühmter Experimentalphysiker, Mathematiker und großer Bewunderer und Kenner Galileo Galileis. 1829 wurde er zum Direktor des ältesten wissenschaftlichen Museums Europas, welches von Ludwig Salvators Urgroßvater, Großherzog Pietro Leopoldo, 1775 gegründet und im Geiste der Aufklärung auch der Öffentlichkeit zugänglich gemacht wurde, ernannt. Unter seiner Leitung entwickelte sich das „Museo di Fisica e Storia Naturale" mit Unterstützung von Großherzog Leopold II. zu einem der wichtigsten naturwissenschaftlichen Studienzentren Europas, zumal auch das im Museum befindliche, 1807 von Marie Louise von Bourbon-Parma gegründete, jedoch durch die napoleonischen Wirren geschlossene „Liceo di Scienze Naturali" wieder eröffnet und mit Lehrstühlen für Physik (Leopoldo Nobili), Vergleichende Anatomie und Zoologie (Giuseppe Mazzi) sowie Mineralogie und Geologie (Filippo Nesti) ausgestattet wurde. Später kamen noch Lehrstühle für Chemie, Astronomie und Botanik hinzu.

In seiner Eröffnungsrede hob Antinori die Großartigkeit und Kontinuität der gewaltigen wissenschaftlichen Sammlung des Museums hervor, die für alle Menschen verfügbar sein solle. Er hoffe, „dass dieses Erbe den Geist, den Intellekt und das Herz der jungen Menschen formen möge." (Contardi und Miniati

---

8   Nationalarchiv Prag: RAT, Leopold II./2, inv. č. 183, Composizioni di Luigi alla madre, 1852–1858, 12 ks.

2011) In diesem Sinne postulierte er auch, dass die Erziehung generell dazu in der Lage sein müsse, das Herz und den Geist des Schülers zu erreichen. Erziehung dürfe keine sterile akademische Übung sein, sondern müsse die Förderung des menschlichen Potenzials zum Ziel haben. Aus dieser Sicht komme der Naturwissenschaft auch eine führende und nicht mehr zu vernachlässigende Rolle zu (Contardi und Miniati 2011).

Die detaillierte und personalisierte Formulierung dieses grundlegenden Erziehungsgedankens nahm Antinori in der 1853 für den jungen Ludwig Salvator erstellten „Traccia per l'andamento progressivo degli Studi intellettuali di S.A. l'Arciduca Luigi" vor. Sie beruht auf der von den großherzoglichen Eltern und den ersten Erziehern erlangten Erkenntnis, dass der sechsjährige Prinz bereits eine ausgeprägte Begabung und große Neugier für das Gebiet der Naturwissenschaften zeige.

Abb. 5: „Traccia" – Erziehungsprogramm für Erzherzog Ludwig Salvator. Foto: Nationalarchiv Prag.

Das im Nationalarchiv Prag liegende Erziehungsprogramm Antinoris ist ein 57-seitiges, eng beschriebenes Meisterwerk aufgeklärt-humanistischer Erziehungskunst, das in seiner Modernität überrascht:

> Allen ist augenscheinlich, dass viele Lehren, die Teil eines ganzen Studienplanes für einen Jungen aus guter Familie sein müssen, zugleich Kunstwerk jener Person sind, die diese Erziehung leitet und gleichzeitig die Basis bilden, den Anstoß und die Ordnung geben, um das natürliche Keimen des Verstandes zu fördern, wobei sie dem Naturell des Schülers gleichen sollen. Das muss auf das Genaueste geprüft werden, um sicher zu sein, dass diese Voraussetzungen für die Studien auch gegeben sind. So kann man die ersten Lehren, die ersten Keime an Erfahrungen, die wie kleine Pflanzen der menschlichen Intelligenz sind, aufgreifen, sie zu neuen Gedanken führen und so von Bekanntem zu Unbekanntem gelangen. In diesem natürlichen Ablauf, dem mit der Zeit ähnliche folgen werden, achte man immer auf die Beziehung, die diese zueinander und zu uns haben. Damit diese Verbindungen immer aufrecht bleiben, sehe ein jeder zu, den Ideenfluss und die getätigten Studien zu ordnen und zu verbinden, in der Weise, dass sie als Verkettung im menschlichen Gedächtnis unauslöschlich bleiben und, jedes Mal, wenn ein Teil davon erinnert wird, auch andere Teile an die Oberfläche kommen, gerade, wie wenn man ein einzelnes Glied einer Kette ergreift und sich dabei die ganze Kette bewegt. Auf diesem alt bekannten Prinzip der Verbindung der Ideen miteinander möchte ich, wann immer es möglich ist, die Grundfesten der Erziehung aufbauen. Es ist gesagt worden, dass sich das menschliche Wissen auf wesentliche Hauptpunkte zurückführen lässt, das heißt, die Beziehungen kennen zu lernen, welche die Seinsformen untereinander verbinden und

jene, die sie mit uns haben: Mir scheint, dass diese Wechselbeziehungen oben erwähntes Prinzip mit Leben anreichern. Dabei sollte man nicht aus den Augen verlieren, alle möglichen Materialien zu sammeln und zu ordnen, die einen Teil der intellektuellen, also wissenschaftlichen Formation darstellen; ihr Inhalt ist das Wahre, die menschliche Weisheit – und manifestiert sich in ihrem Inhalt. Gleich welche Beziehungen sie untereinander haben, kann die eine der anderen nützen, mit ihr zusammenarbeiten und wie in einem Mehrklang zusammenfließen, mit dem einzigen Ziel, dem der Vervollkommnung des Menschen.[9]

Da diese Grundideen nun vorgestellt sind, vielleicht in einen zu engen Rahmen gefasst, komme ich nun direkt zu meinem Vorhaben und sehe es als großes Glück für uns, dass seine Hoheit der Erzherzog Luigi beachtliche Fähigkeiten auf dem Gebiet der Naturwissenschaften zeigt. Er wird nicht nur besonderen Nutzen aus seiner Beobachtungsgabe ziehen, sondern auch die Attraktionen genießen, die diese Wissenschaft bietet, die besonders für sein jugendliches Alter geeignet ist. Darüber hinaus scheint es mir überaus wirksam zu sein, alle Fähigkeiten des menschlichen Verstehens zu üben, in jener Ordnung und jener Gleichzeitigkeit, die die Natur fordert. Ich glaube, dass diese Studien in der Art durchgeführt werden sollen, dass sie das Gedächtnis des Kindes nicht mit Fakten belasten oder etwa mit dem Ziel, aus ihnen gar Naturalisten zu machen, sondern stets bei den zahlreichen Gelegenheiten, die sich bieten, wo auch immer man sich befindet, das Kindlein zum Betrachten und Bemerken einzuladen und seine angeborene Neugierde zu fördern, während die Fakten, wie spontan hinzugefügt werden und seine Bewunderung erwecken, die um etliches größer ist, als man gemeinhin annehmen würde (weil auch es selbst ein Naturgeschöpf ist, sorgfältiger Beobachter aller Dinge, die es umgibt), so kann man seinen jugendlichen Kopf mit Erfahrungen bereichern, ohne dass er dies bemerkt, ich würde sogar sagen, dass es von ihm vielmehr verlangt wird: Durch die innere Befriedigung der Neugier und durch eine Erklärung, die verstanden wurde, entsteht viel leichter Interesse und Liebe dem Wissen gegenüber.[10]

Antinori gliederte die von ihm angedachte, naturwissenschaftlich orientierte Erziehung Ludwig Salvators in die drei Abschnitte „Vorbereitung – Übergang – Formation".

Die erste Phase der Vorbereitung solle zum Sammeln und Ordnen der naturwissenschaftlichen Lehrmaterialien dienen, um eine Vorstellung von allen Seinsformen zu erhalten. Danach könne das Kind nun „zur bloßen Betrachtung der Natur seine eigenen Erfahrungen mischen, physische Anmerkungen machen, die seiner Intelligenz und seiner Neugierde entsprechen"[10]. Durch Beobachtungen und im Zuge praktischer Experimente auftretende Fragestellungen würden sodann notwendigerweise zu einfacher mathematischer Betrachtung führen.

---

[9] Vincenzo Antinori bezog sich bei der von ihm genannten Lehre von der Ideenverbindung auf die Schrift des englischen Philosophen und Vordenkers der Aufklärung John Locke: „An Essay Concerning Humane Understanding" (1890).

[10] Nationalarchiv Prag, RAT, Leopold II./2, inv. č. 214 (Übersetzung: Mag. Gabriele Hochleitner).

Der erfahrene Wissenschaftler betonte insbesonders, dass die Lernabschnitte, die der Junge noch nicht von alleine verstehe, ausgespart werden sollten, „damit nicht die hässliche Gewohnheit entstehe, fortzufahren, obwohl einzelne Abschnitte oder Sätze nicht gut verstanden worden wären"[10]. Das Erlernen erster Fremdsprachen sowie geeigneter Literatur würde zudem zur Gedächtnisschulung beitragen.

Auch erste Lernstunden in der „heiligen" Geschichte sollten dem kleinen Luigi als Grundstock für seine späteren geschichtlichen Studien und als Vorkenntnisse der Religionslehre dienen.

Um ihn vor Materialismus zu bewahren, solle der Glaube dem Prinzen während seiner fortlaufenden Studien generell stets „Licht sein, Begleitung, Führung und Unterstand"[10]. Um ihn vor Materialismus zu bewahren, solle er den Weg der Wissenschaft einschlagen, vor nicht zu bändigender Vorstellungskraft den Weg der Literatur und vor Rationalismus oder Skeptizismus den Weg der Philosophie.

In der zweiten Phase, deren Beginn je nach Entwicklung und familiären Umständen um das 12. Lebensjahr vorgesehen war, würden sodann die Materialien ausgewählt und zur Lerngrundlage aufgestockt. Die bisherigen Beschäftigungen würden nun den Charakter von Studien annehmen.

Im Bereich der Naturgeschichte schlug Antinori eingehendere Anmerkungen über die Unterteilungen der Wesen in Gruppen und Familien vor, um mehr über ihre äußere und innere Struktur, über ihren Zusammenhang sowie über Organisiations- und Funktionsunterschiede „im großen Zusammenhang des Universums"[10] zu erfahren.

Mit eingehenderen Mathematikstudien empfahl er, nicht vor dem 13., besser vor dem 14. Lebensjahr zu beginnen, da „der Junge vorher seinen Geist mit einer Vielzahl an Ideen und Erfahrungen angereichert haben solle, die sodann mit Hilfe der neuen, mathematischen Sprache verallgemeinert werden könnten und dadurch die Intelligenz des Schülers erweitern und erhellen würden."[10]

Ergänzend solle sich nun Luigi der Zeichnung zuwenden, „wobei sowohl das Auge als auch die Hand geschult werde", was ihm „den Geist und das Herz für die Harmonie und Proportionen öffnen werde"[10].

Geplant wurde zudem das Studium der Geschichte mit Parallelen zur Geografie, das Studium von Landkarten, die Lektüre von Biografien illustrer Persönlichkeiten, aber auch von Reiseberichten und Dokumenten über Brauchtum und Tradition der verschiedenen Erdbewohner. Dabei solle der Lehrer darauf hinweisen, wie die Menschen verschiedener Kulturen die Natur, die Erde und die Luft achteten würden, in der sie leben. Auf den Spuren der Geschichte solle die Gegenwart betrachtet und mit eigenen reifen Anmerkungen versehen werden.

„In dieser Phase kann der Schüler auch das Studium der lateinischen Sprache beginnen und die Unterschiede zu seiner eigenen finden. So wird von den modernen Sprachen Französisch, Deutsch und am Ende Englisch gelehrt, mit den wichtigsten grammatikalischen Anmerkungen, um ein richtiges Schreiben zu gewährleisten"[10], befand der Erziehungsvisionär weiter.

In der dritten Lernphase, die Antinori als „Formation und Perfektion" bezeichnete, gab er je nach Entwicklung und Veranlagung des jungen Erzherzogs zwischen dessen 14. und 18. Lebensjahr „den Aufbau der Grundmauern des Wissensgebäudes"[10] vor, das aus den drei Hauptkomponenten Wissenschaft, Literatur und Philosophie bestehe. Dem Lehrer schärfte er ein, niemals die Verbindungen aller Gebiete untereinander zu vergessen: „Alle Wissenschaften sind miteinander verwoben und unterstützen sich gegenseitig. Die erschaffene Welt schärft den menschlichen Geist auf der Suche nach Wahrheit und bietet dem Menschen, was dieser für seine individuellen Bedürfnisse benötigt."[10]

Nun würden alle Studien konkrete Formen annehmen und Luigi in ihnen die drei großen Wege menschlichen Wissens kennen lernen: Wissenschaft, Literatur und Philosophie.

Diese solle der junge Schüler aber nicht getrennt beschreiten, was sein Studium unnötig in die Länge ziehen würde. In der geforderten Gleichzeitigkeit und der Unterschiedlichkeit der Lernziele würde „sein Geist die nötige Nahrung finden, ohne an mangelnder Aufmerksamkeit zu ermüden" und würde der junge Erzherzog vielmehr, „die gegenseitigen Beziehungen der verschiedenen Disziplinen [...] erkennen und dann eine dieser Richtungen, je nach seiner natürlichen Neigung, einschlagen."[10] Ludwig Salvator sollte sich – wie bekannt – für alle drei gemeinsam entscheiden.

Aufgabe eines Unterrichts in Mineralogie und Geologie war es, dem Schüler die Zusammenhänge zwischen Kristallografie, Geometrie und Geologie zu vermitteln: „Besonders Letztere schöpft wiederum aus allen Lehrsätzen der Zoologie und der Botanik."[10]

Als Krönung aller Wissenschaften bezeichnete Antinori schließlich die Geografie, „in der sich Wissenschaft und Literatur in gegenseitigem Nutzen umarmen würden."[10]

> Am Ende der wissenschaftlichen Studien wird seine Hoheit der Erzherzog von dem geleitet, der dazu fähig ist (besser wäre jedoch, wenn er allein dahin käme), die verschiedenen Stränge des Wissens zusammenzufassen und sie wie Lichtstrahlen in einem Zentrum oder Feuer zu bündeln, damit die Verbindungen der Wissenschaften untereinander und zu uns selbst sichtbar werden. Dieses Zentrum kann die Geographie sein, die erschaffene Welt, der Kosmos. Die Prüfung unseres Globus hat ergeben, dass seine Ursprünge in allen Wissenschaften

liegen, er also aus allen zusammengesetzt ist. So kann man sagen, dass alle physischen Lehren und Naturwissenschaften in der Geographie zusammen fließen und dass die Summe aller Studien das Studium der Welt ergibt, indem man die Beziehungen der Wesen, ihre Phänomene untereinander und zu uns betrachtet.[10]

Dies beträfe auch die überlieferten Kulturen der einzelnen Völker, deren unterschiedliche Mentalität und verschiedenen Traditionen stark durch die geografische Lage geprägt sei.

Antinoris Anregung, „von Mal zu Mal innezuhalten, um die Fortschritte zu betrachten," welche „die Nationen in Wissenschaft, Literatur, in den schönen Künsten und im Handel machten"[10], befolgte Ludwig Salvator lebenslang durch den Besuch der großen Weltausstellungen seiner Zeit.

Eine besondere Wichtigkeit in der Erziehung Ludwig Salvators wurde stets der Moral zugemessen, die als Lehre von der Pflicht angesehen wurde: Die Formel dazu sei die Liebe für das Gute, die der Mensch in sich trage, die er befolgen werden müsse in seinen Beziehungen zu Gott, den Mitmenschen und den Dingen:

> Gott ist die Summe des Guten und letztendliches Ziel des Menschen. Aus Liebe zu Gott ist es Pflicht, andere Menschen zu lieben und dies wird das Mittel sein, um das oberste Ziel zu erreichen. Ebenso wird uns die Liebe zu den Dingen zu Gott führen. Um die Liebe für das Gute, als göttliche Weisheit, leben zu können, hat der Mensch die nötigen Kräfte bekommen, von denen ihn einige leiten und lenken werden, während er andere dominieren muss. Die ersten Kräfte sind Leidenschaft, Gefühl und Wunsch, die zweiten sind Vernunft und Wille. Man wird also verstehen, wie diese Kräfte, die Gott dem aktiven Menschen geschenkt hat, ihm die Möglichkeit geben, seine Pflicht zu tun. So, wie Gott der Seele die Möglichkeit gegeben hat, zu erkennen, so hat er ihr mit jenen Kräften die Macht verliehen, zu wollen und zu schaffen, sich also in Pflicht zu beugen, um auf ein festgelegtes Ziel mit gegebenen Mitteln und Methoden hinzuarbeiten. Seine Pflicht auszuüben wird so zum unanfechtbaren Recht. Also hat mit der Pflicht auch das Recht denselben Ursprung.[10]

Daraus folgerte Antinori wiederum die Sinnhaftigkeit einer Beschäftigung mit der Rechtslehre und schloss seine „Traccia" mit den Worten:

> Darin besteht das große Theater, in welchem das nicht enden wollende Drama der Menschen sich bis heute abspielt. Damit sind die wissenschaftlichen und literarischen Studien eng verbunden. Wenn also der Mensch in sich geht, seine eigenen Fähigkeiten prüft und achtet, welche Pflichten und Rechte er hat, so setzt er sich in Kontext mit den Dingen, den Mitmenschen und Gott. Auf diese Weise werden auch seine philosophischen Studien mit den anderen verbunden. Die Wissenschaft, die Literatur, die Logik, die Moral und das Recht. So, wie der Mensch über den Dingen steht, ebenso steht er zu den wissenschaftlichen Studien. Wie er in Bruderschaft zu seinen Mitmenschen steht, so steht er zur Literatur. Wie er in Abhängigkeit zu Gott steht, so steht er zur Moral. Unser Schüler sollte das göttliche Prinzip, das Ursprung und Ziel menschlichen Wissens ist, hinter allen Dingen erkennen. Er wird es in den wissenschaftlichen Studien als allmächtige Harmonie der Schöpfung bewundern können; in der Literatur,

wenn man die reiche Anzahl an schriftlich festgehaltenen Ereignissen im religiösen, politischen und zivilen Leben der Nationen bedenkt. Ebenso wird der junge Schüler es in der Philosophie wieder finden, als Schöpfung und als letztendliches Ziel, eigentliches Gut und wahres Objektiv in seiner Vervollkommnung. Diese moralische Vervollkommnung des wohlerzogenen und gelehrten Menschen muss sodann, ohne Unterlass, das Bestreben in seinem ganzen weiteren Leben sein.

So habe ich, im besten Wissen, den Wunsch seiner Hoheit erfüllt, dennoch überzeugt, dass andere dies besser als ich hätten bewerkstelligen können und verbleibe in Ehrfurcht, tiefster Verbundenheit und Respekt. Vincenzo Antinori.

Aus dieser bedeutenden Quelle geht bei Gesamtbetrachtung der Erziehung und Ausbildung des jungen Erzherzogs nicht nur hervor, dass diese Richtlinien bis zum Abschluss des Studiums konsequent eingehalten wurden, sondern insbesondere, dass Ludwig Salvator bereits ab seinem 7. Lebensjahr nach dem ausdrücklichen Wunsch seiner Eltern und infolge seiner außergewöhnlichen Veranlagung gezielt für eine spätere naturwissenschaftliche Tätigkeit erzogen wurde.[11] Vielleicht erfüllte sich auch Leopold II., dem die Naturwissenschaften wie schon seinem Großvater Peter Leopold zeitlebens ein großes Anliegen waren und der sich seit seiner Jugend auf dem Wissensstand seiner Zeit hielt

Abb. 6: Cavaliere Vincenzo Antinori, Lithografie von Martini. Foto: Museo Galileo.

(Pesendorfer 1988, S. 201), mit diesem Erziehungsprogramm einen geheimen Wunsch. Sein ältester Sohn Ferdinand Salvator stand bereits in der Vorbereitung für seine Rolle als nächster Großherzog, für den zweitältesten Sohn Karl Salvator war eine militärische Ausbildung vorgesehen, und der überaus sensible, hochbegabte, völlig in der Liebe zur Natur aufgehende Ludwig Salvator sollte sich in seinem späteren Leben ganz dem widmen, was die von den politischen Entwicklungen bereits ermattete Seele des Vaters insgeheim suchte.[12]

Jener Mann, der nach Ansicht Vincenzo Antinoris das Kunstwerk der von ihm angedachten und von den großherzoglichen Eltern gebilligten Erziehung in concreto schaffen und dessen Vollendung leiten sollte, trat einige Monate später in Form des 34-jährigen, aus Montignoso in der Toskana stammenden

---

11 Das große Interesse für Naturwissenschaften war bei den toskanischen Habsburgern ein Erbe Franz Stephans von Lothringen. Seine Nachfolger, besonders sein Sohn Peter Leopold und sein Urenkel Leopold II., nahmen selbst zahlreiche physikalische und chemische Experimente vor, finanzierten große naturwissenschaftliche Expeditionen sowie Kongresse und beschäftigten sich intensiv mit den Werken von Galileo Galilei.

12 „Ich habe in dir genau das gefunden, was meine Seele brauchte […]." (Brief von Leopold II. an Ludwig Salvator vom 28.7.1864, Nationalarchiv Prag, RAT, Ludvík Salvátor, Lettere di Leopoldo II, 1861–1867, 95 ks).

Naturwissenschaftlers Eugenio Baron Sforza auf das Parkett des Palazzo Pitti. Ihm war es vorbehalten, die Jugend und das spätere Leben von Ludwig Salvator maßgeblich zu prägen. Die Familie Sforza war eine angesehene, adelige toskanische Familie, deren Mitglieder in der Vergangenheit hohe öffentliche Ämter bekleideten und Stellen in der öffentlichen Verwaltung, der Diplomatie sowie im Kunst- und Wissenschaftsbereich belegten. Eugenio war derjenige, der im 19. Jahrhundert das Prestige der Familie hochhielt, ihm folgten sein Neffe Giovanni, Geschichtsliterat und berühmter Geschichtsschreiber, und dessen Sohn Carlo, Diplomat und Außenminister des neuen Königreiches Italien (Giunti 2009).

Eugenio Fortunato Bartolomeo Sforza wurde am 30. Mai 1820 als vierter Sohn des Camerlengo (Kardinalschatzmeister) von Montignoso, Giuseppe Sforza, und dessen Gatting Maria Domenica Victina geboren. Er hatte vier Geschwister: den Priester Ferdinando, den Arzt Pietro, den Bürgermeister Luigi und die Grundschullehrerin Bartolomea. Diese gut gebildeten jungen Leute wuchsen im kultivierten Ambiente der aristokratischen Familien des 19. Jahrhunderts auf. Verschiedene Verwandtschaften adeliger lucchesischer Herkunft vergrößerten noch zusätzlich das Ansehen, indem sie die Familie in Kontakt mit Maria Carolina von Bourbon, der Halbschwester von Maria Antonia, der Mutter von Ludwig Salvator, brachte. Carolina übermittelte der großherzoglichen Schwester wichtige Empfehlungsschreiben über Sforza. Sie hatte ihn während eines ihrer Aufenthalte in Massa Carrara kennengelernt und war von seinem Wesen und seiner wissenschaftlichen Arbeit so angetan, dass sie ihrer Schwester und ihrem Schwager Leopold davon erzählte. Es war die Großherzogin, die Eugenio Sforza persönlich als Hauslehrer für ihr neuntes Kind auswählte. Eine mündliche Überlieferung des Hauses Sforza erzählt, dass Eugenio Sforza im Sommer dieses Jahres die „Specola", das von Vincenzo Antinori geführte, berühmte naturwissenschaftliche Museum in Florenz, besuchte und einigen Freunden die dort konservierten Käfer erklärte. Zur gleichen Zeit befand sich auch die Großherzogin Maria Antonia im Museum und war von der Eloquenz und dem Wissen des jungen Wissenschaftlers so angetan, dass sie ihn als Hauslehrer für ihren Sohn Luigi haben wollte (Giunti 2009).

Nach der Veröffentlichung des großherzoglichen Ernennungsdekrets schrieb Sforza an seinen Vater Giuseppe:

Abb. 7: Eugenio Baron Sforza, Ludwig Salvator, Johann Nepomuk Salvator, Cav. Lorenzo Gnagnoni, Venedig 1861/1862. Foto: Nationalarchiv Prag.

Meine Eigenschaft gegenüber dem Prinzen ist die des Hauslehrers. Das Gehalt beträgt 540 Scudos jährlich; davon muss ich meinen Diener erhalten.
(Giunti 2009)

Und dann nach einigen Tagen:

Liebster Babbo, ich habe mich einige Tage verspätet, um Ihnen die Neuigkeiten zu übermitteln, weil ich ein paar Tage meine neue Stelle ausprobieren musste. Es geht mir sehr gut und das gleiche hoffe ich von meiner lieben Mamma und dem Rest der Familie. Meine Aufgabe als Hauslehrer beim Erzherzog Luigi – und das kann ich nicht verneinen – ist eine der Aufgaben, um die mich einige große Namen in Florenz beneiden. Diese Aufgabe ist jedoch mit einer großen Verantwortung verbunden und möge Gott es geben, dass ich den mir unverdient anvertrauten Auftrag erfolgreich ausführen werde. Die Großherzogin, der Großherzog und der Rest der Familie sind mir, soweit ich das bemerken kann, wohlgesinnt. Der Großherzog kommt am Abend und hält sich ca. eine Stunde auf und geht dann wieder, und es bleibt die Großherzogin, bis der Erzherzog zu Bett geht. Gestern Abend kamen die größeren Erzherzöge und luden uns in ihr Quartier ein, um dort ein Feuerwerk zu veranstalten, welches sie selbst hergestellt haben. Diese Familie ist eine mit wirklich guten Menschen und man muss schändlich sein, um sie nicht zu mögen. In diesen Tagen war ich einige kaiserliche Villen besuchen. Gestern ging ich mit der Großherzogin und dem Erzherzog, und an diesem Morgen bin ich in der Ausstellung gewesen […] Es ist wirklich wahr, dass es auch in diesem Leben Dornen gibt, die ich noch nicht kenne, die ich aber leider kennenlernen werde müssen, wenn ich am Hof bleibe. Freizeit habe ich fast keine und in der einen Woche, in der ich hier bin, war ich außer einmal nicht in Florenz, sonst immer im Wagen oder in irgendeiner Villa, oder in der Meierei, und zurück zu Fuß, um Bewegung zu machen.
(Giunti 2009)

(Florenz, 18. November 1854)

Liebster Babbo […] Es geht mir weiterhin gut in meiner Arbeitsstelle und ich bitte Gott, dass es so bleibt. Gestern sagte mir der Erzherzog in Anwesenheit von Vater und Mutter, dass er, auch wenn ich alt wäre, er mich immer mit sich haben möchte. Der Vater antwortete: ‚Ich bin mir ziemlich sicher, dass der Sforza dir in jeder Lebenslage folgen wird'. Das sind schöne Dinge, aber wenn der Erzherzog die Minderjährigkeit verlassen wird, wäre es nicht schlecht wenn sie mich nach Hause schicken würden. Wir werden sehen, wie die Dinge laufen werden […].
(Giunti 2009)

(Florenz, 1. Dezember 1854)

Wie bekannt ist, entwickelten sich die Dinge entgegen der Annahme Eugenio Sforzas so, dass er bis zu seinem 72. Lebensjahr an der Seite Ludwig Salvators blieb und ihm während all dieser Zeit nicht nur Erzieher, moralische Instanz und Kammervorsteher, sondern vor allem Vater, Freund und wissenschaftlicher Berater war.

Sowohl Baron Sforza als auch sein Zögling stürzten sich vom ersten Moment an mit voller Intensität in die naturwissenschaftliche Ausbildung, wobei die vorhandene Korrespondenz durchgängig zeigt, dass es zumeist der junge Erzherzog war, der mit seiner unermüdlichen Wissbegierde, die sich sehr oft

in ein besorgniserregendes Arbeitsfieber steiger-
te, das Tempo der Studien vorgab. Auch nahm
Sforza umgehend Kontakt mit den beiden für In-
sekten- und Vogelkunde sowie für Botanik zuständigen Kuratoren des Museums für Physik
und Naturgeschichte im benachbarten Palazzo
Torrigiani auf. Es waren dies der florentinische
Entomologe Carlo Passerini und der später als
Verfasser der „Flora Italiana" zu internationaler
Berühmtheit gelangte sizilianische Botaniker
und Direktor des botanischen Gartens von Florenz, Filippo Parlatore. Aus der Korrespondenz
mit Sforza ist zu entnehmen, dass sich diese
hochrangigen Wissenschaftler gerne zur Unterstützung des Studiums des erst siebenjährigen
Knaben bereit erklärten, ihm sogar Objekte aus
ihren privaten Sammlungen überließen und über

Abb. 8: Ludwig Salvator, vermutlich in Florenz, um 1858.
Foto: Nationalarchiv Prag.

seinen Wunsch die Bestimmung der verschiedensten Pflanzen- und Tierarten
vornahmen oder mit ihm diskutierten. Andererseits sahen sie auch die Möglichkeit, durch die Fürsprache des begeisterten jungen Prinzen wertvolle Kontakte zu anderen Fürstenhäusern aufzubauen, um dadurch die Sammlungen
des Museums zu erweitern. Das „Museo di Fisica e Storia Naturale" mit seinen
beeindruckenden Sammlungen wurde somit neben dem botanischen Garten
und den Boboli-Gärten zum zentralen Laboratorium des jungen Erzherzogs
während seiner Zeit in Florenz (Giunti 2009).

Pars pro toto sei aus der umfangreichen Korrespondenz zwischen Eugenio
Sforza und Carlo Passerini zitiert:

> Geschätzter Herr Sforza, gestatten Sie mir, diesem Schreiben eine Kopie mei-
> ner aktuell verfügbaren Schriften beizulegen, nehmen sie diese als Zeichen der
> Hochachtung und verzeihen Sie stilistische Fehler oder andere, die Sie finden
> könnten. Für mich als leidenschaftlichen Anhänger der Naturwissenschaften
> und von diesen im Speziellen die Insektenforschung und die Vogelkunde, war
> es für mich eine große Genugtuung zu erfahren, dass S.H. der junge Prinz Luigi
> eine entschiedene Vorliebe für solche Studien hat, und dass Sie als sein Erzie-
> her dazu bestimmt wurden, ihn ordnungsgemäß darin zu führen. Wenn ich in
> meinem geringen Wissen für fähig gehalten werde, in diesem sehr reizvollen
> Studium mitzuwirken, fühlen Sie sich bitte frei, mich zu Rate zu ziehen oder
> meine privaten Insekten-, Vogel- oder Büchersammlungen zu verwenden. Es
> wird einfach sein, mittels S.H. der regierenden Großherzogin und des kleinen
> Prinzen Luigi die Tante Kaiserin von Brasilien um eine umfangreiche Insekten-,
> Käfer- und Schmetterlingssammlung aus diesem ausgedehnten Reich zu bitten.
> Schauen Sie, ob kurzfristig eine solche Anfrage gestellt werden kann. Da ich die
> Zeichnung des seltenen Käfers Hyppocephalus armatus nicht wiedergefunden
> habe, kann ich diese auch nicht in diesem Brief mitsenden, aber es wird eine

andere angefertigt, die ich Ihnen sodann übermitteln werde. In der Zwischenzeit verbleibe ich Ihr ergebener gehorsamer Diener Carlo Passerini.
(Giunti 2009)

(Aus dem Hause am 1. Dezember 1854)

Wie gut diese Unterstützung funktionierte, zeigt ein Brief rund ein Jahr später:

Gnädiger Herr Sforza, indem ich S.H. dem Erzherzog Luigi den Fringillide (Finken) zurückgebe, den mir gestern Piccioli gebracht hat, um den Namen dafür zu erfahren, beeile ich mich Ihnen zu sagen, dass ich ihn für einen Amadina Striata Vax. Fringilla Leuconata halte. Da ich aber über kein Werk über die Fringillidae (eine sehr zahlreiche Familie) verfüge, kann ich nicht versichern, ihn richtig benannt zu haben. Ich nütze die Gelegenheit und schicke in einer anderen Schachtel die gewünschten, von S.H. erwähnten Käfer. Der Xylotrupes Gideon (männlich) war im Magazin des Königlichen Museums. Was die anderen betrifft, Anthia Sulcata Senegal Chrysobothris affinis, Anthaxia Manca, cratomerus, cyanicornis; so habe ich die Ehre, S.H. von meinen eigenen zu senden. Und wenn ich weiß, welche anderen Insekten von S.H. gewünscht werden, und ich welche davon verfügbar habe, wäre es mir eine Freude, sie zu ihm zu schicken. Es würde mich an Seine Hoheit den Erzherzog Luigi erinnern. Ich übermittle eine Spezies der Itteride aus dem Magazin des Kaiserlich Königlichen Museums, bezeichnet mit dem Namen Icterus Persicus. Wäre da nicht eine Art Klausur gewesen wegen Ihrer infektiösen Krankheit, hätte ich Sie besucht, ich war jedoch täglich darüber auf dem Laufenden. In der Hoffnung, Ihnen mit Brauchbarem dienen zu können verbleibe ich Ihr ergebener gehorsamer Diener Carlo Passerini.
(Giunti 2009)

(Vom Kaiserlich Königlichen Museum am 11. Dezember 1855)

Die frühen naturwissenschaftlichen Studien beschränkten sich nicht nur auf die Vermittlung von theoretischem Grundlagenwissen, sondern umfassten auch umfangreichen Anschauungsunterricht in der Natur und den Aufbau einer eigenen Sammlung. Erhaltene Rechnungen belegen, dass ebenso lebende Tiere für die Gartenanlagen angekauft wurden, wie auch diverse Tierpräparate, zumeist Vögel oder Bälge, emaillierte Augen und Chemikalien zur eigenen Präparation. Besonders liebte es der kleine Ludwig, Käfer, Mollusken und Mineralien zu sammeln und sorgfältig zu konservieren. Erworben wurden zudem zahlreiche Bücher, wie etwa „Elementi di Zoologia" des Professors G. Omboni oder die umfangreiche „Enciclopedie d'Histoire Naturelle" (Giunti 2009).

Über die verschiedensten Händler kaufte die erzherzogliche Kammer Greifvögel aus der ganzen Welt, wobei Luigi und Eugenio zur Kontaktaufnahme auch diplomatische Kanäle und Botschaften, die mit dem Haus Habsburg in Verbindung standen, benützten. Viele Tierpräparate und Vogelbälge stammten aus dem Schwarzwald und wurden über Wien bezogen, andere wiederum aus Südamerika. Als besonders ergiebig erwies sich die Verwandtschaft Ludwigs zu seiner Tante Teresa Maria Cristina von Neapel-Sizilien, der

Schwester seiner Mutter und Gattin des brasilianischen Kaisers Pedro II., der als Urenkel von Franz Stephan von Lothringen selbst großes Interesse an den Naturwissenschaften hatte.

Regelmäßige Kontakte wurden auch zu dem berühmten italienischen Geologen und Ornithologen aus Pisa, Paolo Savi, gepflegt, der dem kleinen Erzherzog beispielsweise europäische und exotische Vogelpräparate sandte und im Gegenzug dazu von ihm diverse seltene Hühnerexemplare erhielt (Giunti 2009).

Als die großherzogliche Familie im Mai 1859 aufgrund der politischen und militärischen Entwicklung von einem Tag auf den anderen Florenz und die Toskana verlassen musste, bedeutete dies für den damals fast 12-jährigen Ludwig Salvator auch den unersetzlichen Verlust seiner so geliebten Gärten und Museen und aller gemeinsam mit Eugenio Sforza über vier Jahre lang konsequent aufgebauten eigenen Sammlungen von Tieren, Pflanzen und Mineralien. Diese gingen in den Besitz des „L'Imperiale e Reale Museo di Fisica e Storia Naturale" über. Sie wurden in weiterer Folge auf verschiedene Abteilungen des 1878 neu gegründeten „Istituto di Studi Superiori" aufgeteilt. Die zoologischen Präparate befinden sich aber noch im Palazzo Torrigiani, der heute das Museo di Storia Naturale di Firenze „La Specola" beherbergt.

Zeitgleich mit dem Verlust der Toskana war aber auch die erste der „Vorbereitung" dienende Erziehungsphase nach dem Konzept von Vincenzo Antinori abgeschlossen, und es wurde nun die zweite und dritte Phase des „Überganges" und der „Formation" in Angriff genommen.

2. Späte Jugend in Venedig und Studium in Prag (1861–1870)

Nach der Ankunft der großherzoglichen Familie in Wien und dem Empfang durch Kaiser Franz Joseph und Kaiserin Elisabeth in Schloss Schönbrunn nahmen die Toskaner vorerst provisorisches Quartier in Schloss Weilburg in Baden bei Wien, welches die Residenz des politisch und militärisch sehr einflussreichen Erzherzogs Albrecht und dessen Familie war.[13] In der Zwischenzeit wurde Schloss Schlackenwerth in Böhmen für die Wohnbedürfnisse der Familie adaptiert. Dieses nahe dem berühmten Kurort Karlsbad gelegene „Weiße Schloss", welches bereits Ludwig Salvators Großvater, Großherzog Ferdinand III., erworben hatte, sollte der großherzoglichen Familie als zukünftiger Wohnsitz dienen. Großherzog Leopold entschloss sich jedoch in weiterer Folge im Jahr 1860, das vor der Versteigerung stehende alte Habsburger Jagdschloss Brandeis an der Elbe, das nur unweit der böhmischen Hauptstadt Prag liegt, zu erwerben. Die Familie pendelte daher in den folgenden Jahren zwischen diesen beiden neuen Wohnsitzen.

---

[13] Nationalarchiv Prag, RAT, Tagebuch Leopold II. 1859.

Die dramatische Klimaveränderung brachte für die an das milde toskanische Klima gewöhnten Exilanten gesundheitliche Beeinträchtigungen mit sich. Besonders der junge Ludwig Salvator litt in den rauen böhmischen Wintern ständig an heftigem Husten, der sich zu einer chronischen Bronchitis und Bronchialasthma entwickelte. Auf Anraten von Baron Sforza und des behandelnden Prager Arztes Dr. Bondy entschlossen sich die Eltern daher, Luigi gemeinsam mit seinem jüngeren Bruder Johann Nepomuk Salvator (genannt Gianni) im Juli 1861 mit kaiserlicher Genehmigung zu einer Seebäder-Kur in die damals noch unter österreichischer Herrschaft stehende Lagunenstadt Venedig zu bringen.

Da sich das dortige mediterrane Klima sehr positiv auf die Gesundheit von Ludwig Salvator auswirkte, unternahm Eugenio Sforza mit ihm schon bald Exkursionen in das umliegende Küstenland bis hin zur Halbinsel Istrien (Mader 2002, S. 28).[14] Aufgrund einer Empfehlung der Ärzte wurden die regelmäßigen langen Aufenthalte im milden Mittelmeerraum schließlich sogar bis zur vollen Genesung des Erzherzogs in das Jahr 1863 verlängert. Es ist dadurch verständlich, dass in diesem Zeitraum die Bindung zu Eugenio Sforza immer symbiotischer wurde. Dieser bezeichnete den 15-jährigen Ludwig als unglaublich liebesbedürftig und derart an ihn fixiert, dass er sich nicht einmal eine Viertelstunde von ihm trennen wollte. In einem Schreiben an seine Schwester Bartolina spricht der als Vaterersatz agierende Erzieher von dem damals 15-jährigen Luigi sogar schon von „seinem" Sohn (Giunti 2009).

Während der beiden Jahre in Venedig wurde das Studium Ludwigs durch Unterricht in der englischen und lateinischen Sprache sowie in Geschichte und Literatur eifrig fortgesetzt. Großherzog Leopold II., der ebenso wie seine Gattin in ständiger Korrespondenz mit Luigi und dessen Begleitern Sforza, Gnagnoni, Dr. Bondy und dem ebenfalls mitgereisten Geistlichen Don Giovanni stand, verfolgte liebevoll und interessiert die Studienfortschritte seines Sohnes. Er sandte Luigi auch Zeichnungen, von ihm selbst verfasste geschichtliche Unterrichtsmaterialien (z. B. über Alexander den Großen), Muster von neu entdeckten Mineralien und berichtete immer wieder von neuen Publikationen die Reise der Fregatte „Novara"[15], der

---

14 Dabei lernte der junge Erzherzog auch die damals wichtigste österreichische Hafenstadt Triest kennen, in deren unmittelbarer Nähe er 1876 eine bescheidene Villa mit umfangreichen Ländereien als offiziellen Sitz im Territorium der Monarchie erwarb. Bis ein Jahr vor seinem Tod pflegte er dort – falls er sich nicht auf Mallorca oder seinen Schiffen „Nixe I" und II aufhielt – große Teile der Sommer- und Herbstmonate zu verbringen und in stiller Zurückgezogenheit an seinen Werken zu arbeiten.

15 Die SMS Novara, eine zu einem modernen Forschungsschiff umgebaute schwere Fregatte, segelte unter dem Kommando von Kommodore Bernhard von Wüllerstorf-Urbair vom 30. April 1857 bis zum 26. August 1859 um die ganze Welt. Die unter anderem auch von der Kaiserlichen Akademie der Wissenschaften in Wien vorbereitete und von Fachgelehrten wie dem Geologen Ferdinand von Hochstetter und dem Zoologen

größten wissenschaftlichen Expedition der Habsburgermonarchie, betreffend.[16]

Diese wurden in einem 21-bändigen Werk der Kaiserlichen Akademie der Wissenschaften, „Reise der österreichischen Fregatte Novara um die Erde" (1861–1876), veröffentlicht.[17] Die dreibändige Beschreibung der eigentlichen Reise war mit vielen Holzschnitten illustriert und erschien in den Jahren 1861 bis 1862, also genau zur Zeit der Venedig-Aufenthalte von Ludwig Salvator.

Ludwig Salvator und Baron Sforza verfolgten diese Publikationen mit großem Interesse, betrafen sie doch auch exotische Länder, deren Insekten, Vögel und Mineralien sie bereits in Florenz gesammelt hatten. Ihre Aufmerksamkeit wurde noch durch den Umstand verstärkt, dass der jüngere Bruder des Kaisers, Erzherzog Ferdinand Maximilian, der spätere Kaiser von Mexiko, die Idee zu dieser Weltumsegelung gehabt hatte.[18]

Als Großherzog Leopold im Dezember 1861 erfuhr, dass sich sein Cousin, der ihm zuvor ein Exemplar der ersten „Novara"-Publikation übermittelt hatte, in Venedig befand, forderte er Luigi brieflich auf, diesen unverzüglich aufzusuchen und ihm offen heraus von seiner Begeisterung für die Natur-

---

Georg von Frauenfeld begleitete Forschungsreise erbrachte international beachtete wissenschaftliche Resultate. Die meereskundlichen Forschungen, insbesondere im südlichen Pazifik, revolutionierten die Ozeanografie und Hydrografie. Mitgebrachte Sammlungen mit botanischem, zoologischem (26.000 Präparate) und völkerkundlichem Material bereicherten die österreichischen Museen (insbesondere das Naturhistorische Museum). Die während des ganzen Expeditionsverlaufes gemachten erdmagnetischen Beobachtungen vermehrten entscheidend die wissenschaftlichen Kenntnisse auf diesem Gebiet.

16 Nationalarchiv Prag, RAT, Ludvík Salvátor, Lettere di Leopoldo II, 1861 – 1867, 95 ks.

17 Der Typus der wissenschaftlichen Forschungsreise mit einem Schiff, wie in diesem Fall einer Weltumsegelung, hatte sich im späten 18. Jahrhundert entwickelt. Sie war durch Globalität, ausgebildetes Personal, Arbeitsteilung und differenzierte Aufgabenstellungen charakterisiert. An Bord der Schiffe befanden sich Naturwissenschaftler, Ärzte und Zeichner, die ihren Aufgaben anhand systematischer Listen mit festgelegten Fragestellungen nachgingen.

18 Erzherzog Ferdinand Maximilian interessierte sich vor allem für die Seefahrt und unternahm viele Fernreisen, wie etwa nach Brasilien. Im Jahr 1854 wurde er mit nur 22 Jahren zum Kommandanten der k. k. Kriegsmarine ernannt, welche er in den folgenden Jahren reorganisierte. 1857 heiratete er die belgische Prinzessin Charlotte und wurde zum Generalgouverneur von Lombardo-Venetien ernannt. Als die Lombardei 1859 als Folge der österreichischen Niederlage in der Schlacht von Solferino verloren ging, zogen sich Maximilian und Charlotte in das eigens für sie erbaute Schloss Miramare in der Nähe von Triest zurück. Dort lebten sie bis zur Annahme der mexikanischen Kaiserkrone am 10. April 1864.

wissenschaften zu erzählen.[19] Aus diesem Schreiben ergibt sich auch, dass Leopold II. vollkommen von der Genialität seines Sohnes überzeugt war und ihn in jeder sich bietenden Weise zu fördern versuchte. Die Begegnung mit dem späteren Kaiser von Mexiko, der nachfolgende Besuch in dessen Schloss Miramare in Triest, die dort teilweise dem Inneren der Novara nachempfundenen Räumlichkeiten und die Beschäftigung mit den Expeditionsergebnissen des Forschungsschiffes hinterließen bei Luigi unzweifelhaft nachhaltige Eindrücke.

Allerdings bestand die fortschreitende Erziehung in der Lagunenstadt nicht nur aus naturwissenschaftlichen Gegenständen. Boten doch die immensen Kulturschätze der Serenissima unerschöpfliches kunsthistorisches Anschauungsmaterial, das dem Renaissance-Kunstreichtum von Florenz, den Ludwig ebenfalls eingehend in den Uffizien und im Palazzo Pitti genossen und studiert hatte, um nichts nachstand. Die Eindrücke dieser für sein späteres Leben so bedeutenden Zeit in Venedig hielt er in seiner ersten – 1867 im Selbstverlag publizierten – Reisebeschreibung in französischer Sprache fest. Das 263-seitige Buch mit dem Titel „Excursions artistiques dans la Vénétie et le Littoral" widmete er „à sa très-chère mere" als „Frucht der ersten Kindheitsstudien". Im Vorwort beschreibt er seinen Aufenthalt in Venedig wie folgt:

> Noch in diesem Alter zwischen Kindheit und Jugend formte sich auf diesem klassischen Boden meine Seele, umgeben von den grandiosesten Kunstwerken, sich danach sehnend, diese Atmosphäre zu beschreiben und sich von den Erinnerungen an die Geschichte zu nähren. Während meines Aufenthaltes in Venedig verbrachte ich die Vormittage in den Palästen oder den Kirchen oder aber zeichnete in seinen tausenden Kanälen und kleinen Gassen; nachmittags fuhr ich fast immer zum Lido hinaus, spazierte dort am Strand, setzte mich auf die Klippen nahe von Fort Nicolò und betrachtete das blaue Meer in der Ferne, wobei meine Augen die sich dem Hafen nähernden Segelschiffe verfolgten oder aber lieh mein Ohr den Wellen, die sich an meinen Füßen brachen. Gegen Abend bestieg ich wieder meine Gondel und kehrte, sanft durch das ruhige Wasser gleitend, umkreist von tollkühnen Möven im ersten Liebesspiel, in die Stadt zurück, hinter deren hohen Kirchen und ihren alten Türmen die Sonne inmitten eines magischen Purpurs unterging.[20]

---

[19] Brief Leopold II. an Ludwig Salvator vom 16.12.1861, Nationalarchiv Prag, RAT, Ludvík Salvátor, Lettere di Leopoldo II, 1861–1867, 95 ks.

[20] Der junge Ludwig Salvator legte gleichzeitig das Gelübde ab, immer wieder in diese Stadt zurückzukehren, und verwendete in diesem Zusammenhang das gleiche Bild, welches der berühmte deutsche Historiker, Renaissancewissenschaftler und Schriftsteller Ferdinand Gregovorius anlässlich seines Besuches der Insel Capri im Jahr 1853 in seinem Buch „Wanderjahre in Italien" gewählt hatte: „Seitdem lebte ich dort die glücklichsten Tage, und weil ich nun kaum eine andere Stelle der Welt so eifrig durchwandert und durchklettert habe, in allen Höhen wie in allen zugänglichen Grotten der Tiefe, und weil mir Capri und sein Volk so überaus lieb geworden ist, so will ich es mit diesem Inselbilde machen wie dankbare Schiffer, die eine Votivtafel stiften und darunter

Im Sommer 1864 planten Ludwig Salvator und Eugenio Sforza, Mostar, die größte Stadt Herzegowinas, und die Küstenlandschaft Dalmatiens zu erkunden. Auch in diesem Fall ließ es sich der besorgte Großherzog Leopold nicht nehmen, dem arbeitswütigen Sohn zu mehr Erholung und Muße zu raten und ihm aus seinem eigenen reichen Erfahrungsschatz gute Ratschläge mit auf den Weg zu geben:

> Die Müdigkeit kommt, weil du vom langen Studium abgemüht bist, und möchtest dann eine schwierige und mühevolle Reise machen. Gepaart mit dieser Anstrengung ist das noch schlimmer, weil es an der körperlichen Leistungsfähigkeit zehrt. Ich denke, ich habe das Recht, dir diese Dinge zu sagen, weil ich dich liebe, mein Sohn, wie du es verdienst, und ich habe ein erfülltes und beschäftigtes Leben gelebt, [....] Ich habe mich immer an zwei Gegebenheiten für mich als alten und klugen Menschen erinnert, der viel getan hat, als ich erwachsen wurde mit ganzer Seele und der Kraft eines Vierundzwanzigjährigen: ich sagte: einzig die (ruhige) Ausdauer ist im Menschen allmächtig. Also mache ich nur eine einzige Strapaze zu einer bestimmten Zeit, in der einen oder anderen Sache. Ob auf einem Ausflug, beim Studium, oder der Nahrungsaufnahme, das tat ich und fühlte mich gut dabei. Zwei Mal hab ich dieses Wort gebrochen, und einmal musste ich dann 4 Monate lang ausruhen ohne irgendwas zu tun.[21]

Buchstäblich in letzter Minute mussten diese Reisepläne aus Rücksicht daher wieder verworfen werden, und es wurde die französische Riviera als alternatives Reiseziel ausgewählt. Informiert von dieser bequemeren Reisedestination reagierte der Vater sichtlich erleichtert und rührend aus Gmunden:

> Lieber Luigi, ich wünsche Dir von Herzen eine glückliche Reise und Vergnügen in der Natur und Erholung und wenn Du an einem schönen Ort bist, denk an Deinen Vater, der Dich in Gedanken begleitet, Dich liebt, die Natur liebt, sich tröstlich erinnert an die Reise in die Berge mit Dir im Vorjahr. Ich habe in Dir genau das gefunden, was meine Seele brauchte.[22]

Nach der endgültigen Rückkehr aus Venedig wurden die „Formations"-Studien Ludwig Salvators ab 1864 kontinuierlich in Brandeis und Prag fortgesetzt, wobei bereits erste Kontakte zur renommierten deutschsprachigen Karl-Ferdinands-Universität, der ältesten Universität des ehemals römisch-deutschen Reiches, und einigen ihrer Professoren aufgenommen wurden. Auf ausdrücklichen Wunsch von Luigi wurde der Prager Universitätsprofessor für Rechts- und Staatswissenschaften Dr. Johann Nepomuk Schier für die Leitung seines „Studium irregulare" mittels Privatvorlesungen vorgeschlagen (Mader 2002, S. 29). Dieser war Spezialist des Österreichischen Verfassungs- und Verwaltungsrechtes und des deutschen Bundesrechtes. Er fertigte in Absprache

---

schreiben: Votum fecit, gratiam recepit" (aus Ferdinand Gregorovius, Wanderjahre in Italien, Kapitel 89, Die Insel Capri, 1853).

21 Brief Leopold II. an Ludwig Salvator vom 5.7.1864, Nationalarchiv Prag, RAT, Ludvík Salvátor, Lettere di Leopoldo II, 1861–1867, 95 ks.

22 Brief Leopold II. an Ludwig Salvator vom 28.7.1864, ebendort.

mit Ludwig Salvator, Großherzog Leopold und Eugenio Sforza einen Studienplan an, der Kaiser Franz Joseph zur Approbation vorgelegt wurde. Nach einem persönlichen Gespräch mit Schier, der auch die restlichen Professoren für
die philosophischen Studien des Erzherzogs vorschlug, genehmigte der Kaiser
schließlich den ihm vorgelegten Studienplan. Er bemängelte aber die darin seiner Meinung nach ungenügende Zahl der täglichen Unterrichtsstunden und
befürchtete, dass „die Ausfüllung des Tages mit nützlicher Arbeit daher nicht
hinreichend sein dürfte". Zudem teilte er auch Ludwig Salvator mit, dass er
„Besuche der gewöhnlichen öffentlichen Vorlesungen durchaus nicht passend
fände und nur zugeben könnte, dass Ludwig solchen Vorlesungen beiwohne,
bei welchen behufs von Experimenten Instrumente und ähnliche Lehrmittel
benützt werden müssen, die nicht leicht transportiert werden könnten."[23]

In seinem Antwortschreiben teilte Großherzog Leopold mit, dass er sich
dieser Meinung nicht anschließen könne und die im Studienplan täglich vorgesehenen zwei bis höchstens drei Lehrstunden durchaus ausreichend wären,
„damit ihm genügend Zeit erübrige, die ihm vorgetragenen Lehren selbst aus-
zuarbeiten und sich einprägen zu können, was gewiss ebenso und mehr noch
als der gegebene Vortrag wichtig und unerlässlich sei."[24]

Aus diesem Briefwechsel ist zu ersehen, dass der Kaiser über das Ergebnis der bisherigen intensiven Studien von Luigi nur oberflächlich im Bilde
war und zudem einer pädagogischen Sichtweise anhing, die nach Ansicht des
naturwissenschaftlich gebildeten Großherzogs, der zwar wesentlich älter als
Franz Joseph war, aber in diesen Belangen viel moderner dachte, ungeeignet
erschien. Studieren bedeutete für ihn und seinen Sohn eine Vorgangsweise im
Sinne des Credos der Traccia von Vincenzo Antinori: „Wahrnehmen, Warten,
Abstrahieren, Reflektieren, Vergleichen, Urteilen und Überlegen sind zweifel-
los Tätigkeiten der menschlichen Intelligenz, um die Dinge zu begreifen."[10]

Für das ab Herbst 1865 beginnende, ganz auf die Interessen Ludwig Salvators abgestimmte Studium irregulare wurden fünf Jahre, je zwei Semester,
mit folgenden Inhalten festgelegt: zwei bis höchstens drei Lehrstunden pro
Tag in den vorgesehenen rechtswissenschaftlichen und philosophischen Fächern (darunter auch Mathematik, Statistik, Philosophie, Botanik, Zoologie
und Mineralogie). Zusätzlich sollten im ersten Studienjahr jede Woche noch
zwei Stunden Zoologie Platz finden, im zweiten Studienjahr wöchentlich zwei
Stunden Botanik, im dritten Jahrgang wöchentlich zwei Stunden Geologie und
im ersten und im gesamten vierten Studienjahr jede Woche zwei Stunden Mineralogie. Im fünften Studienjahr war schließlich ein Entfall der naturhistorischen Studien vorgesehen, um bei anderen Fächern, falls noch notwendig,

---

23 Brief Franz Joseph I. vom 11.6.1865, Nationalarchiv Prag, RAT, Ludvík Salvátor.

24 Brief Leopold II. vom 21.6.1865, Nationalarchiv Prag, RAT, Ludvík Salvátor.

„etwas nachzuhelfen oder vervollkommnen zu können."[25] Zudem sollten im Verlauf regelmäßiger mehrmonatiger Studienreisen die Lehrinhalte vertieft und Material für Publikationen gesammelt werden. Die Studienzeit des Erzherzogs sollte im Jahr 1870 enden.[26]

Um möglichst nahe bei der Universität und den Professoren zu wohnen, mietete sich Ludwig Salvator mit Baron Sforza während der gesamten Studiendauer im zentral gelegenen Hotel „Englischer Hof"[25] ein. Dies geschah gar nicht zum Gefallen von Kaiser Franz Joseph, der seinen Cousin lieber in einer standesgemäßeren Unterkunft am Prager Hradschin untergebracht gesehen hätte.

Auch die Eindrücke dieser Reisen hielt Ludwig Salvator schriftlich fest und brachte sie in seinem 1868 erschienenen Buch „Süden und Norden – Zwei Bilder" zu Papier, in dem er auch überschwänglich seine erste Begegnung mit Spanien beschrieb und seine Beobachtungen auf der nordeuropäischen Insel Helgoland jenen der südeuropäischen Stadt Valencia gegenüberstellte.

Vor Beginn der universitären Ausbildung unternahmen Luigi und Sforza noch eine ausgedehnte Reise nach Norddeutschland, an die Nordsee und Skandinavien, von der Sforza seiner Schwester berichtete:

> Liebste Bartolina […] In den vier Monaten des vergangenen Sommers machte ich mit Luigi eine sehr interessante Reise: Wir verbrachten 25 Tage auf der zauberhaften Insel Helgoland, danach fuhren wir nach Dänemark, Schweden und Norwegen bis zum nördlichsten Teil, wo wir die Lappen sehen konnten, die mit ihren Rentieren auf den Markt von Trondheim kamen. Vom Rentierfleisch haben wir oft gegessen und es ist vorzüglich. Luigi war viel mit dem Sammeln von Insekten und Muscheln und anderen naturgeschichtlichen Objekten beschäftigt, die auch von den verehrten Professoren dieser Universität sehr geschätzt werden.
> (Giunti 2009)
>
> (Prag, Dezember 1865)

Nach dem ersten Studienjahr Ludwig Salvators mussten die toskanischen Habsburger im Juni 1866 aufgrund des siebenwöchigen preußisch-österreichischen Krieges Böhmen verlassen und fanden kurzfristig in Gmunden am Traunsee in der von Carl Hasenauer geplanten Villa Ranzoni Zuflucht.[27]

---

[25] Das Hotel „Englischer Hof" wurde von Gustav Hüttig geführt und war besonders bei Reisenden aus den USA und England, aber auch in adeligen Kreisen beliebt. In dem in der heutigen Na Poříčí 9 gelegenen Haus, das als Geburtsort der ersten beiden, vielfach ausgezeichneten Balearen-Bände Ludwig Salvators anzusehen ist, befindet sich heute das Hotel „Atlantic".

[26] Nationalarchiv Prag, RAT, Leopold II./2, inv. č. 217, Luigi. Suoi studi in Praga, 1865, 5 ks, 11 fol.

[27] Brief Leopold II an Ludwig Salvator vom 23.7.1968, Nationalarchiv Prag, RAT, Ludvík Salvátor, Lettere di Leopoldo II, 1861–1867, 95 ks.

Nach der Rückkehr in die böhmische Universitätsstadt setzte Ludwig Salvator seine Studien im Herbst 1866 bei den Professoren Schier, Randa, Stein, Kostelecky, Zepharovich, Matzka und Löwe fort (Mader 2002, S. 29). Diese waren auch weit über die Grenzen Böhmens renommierte Kapazitäten ihrer Fachgebiete. Herausgehoben seien vor allem seine naturwissenschaftlichen Lehrer:

Vincenz Franz Kostelecky war Ludwig Salvators Lehrer für Botanik in Prag und einer der international angesehensten Botaniker. Seine besondere Vorliebe galt der Lehre und der pharmazeutischen Botanik seiner Zeit. Unter seiner Leitung wurden der botanische Garten in Prag und das dortige Herbarium zu den bedeutendsten Einrichtungen dieser Art in Europa.

Der aus Wien gebürtige, renommierte Mineraloge Dr. Viktor Leopold Ritter von Zepharovich unterrichtete Ludwig Salvator in den Disziplinen der Geologie, Mineralogie und Kristallografie. Der Erzherzog begeisterte sich sein Leben lang für diese Wissenschaften und besaß in seiner Villa Zindis bei Triest sowie auf seinem Schloss in Brandeis eine eigene umfangreiche mineralogische Sammlung.

Abb. 9: Victor Leopold Ritter von Zepharovich (1830–1890), Mineraloge und Lehrer Ludwig Salvators. Foto: ÖNB/Wien (Wikipedia).

Vortragender für Zoologie war der 1878 von Kaiser Franz Joseph für seine Verdienste um die Wissenschaft in den Adelsstand erhobene Friedrich Ritter von Stein. Sein wissenschaftliches Werk konzentrierte sich auf die wirbellosen Tiere und speziell auf die Zweiflügler sowie auf einzellige Tiere. Sein Hauptwerk über Infusionstierchen wurde zur Grundlage für alle späteren Forschungen auf diesem Gebiet.

Abb. 10: Samuel Friedrich Nathaniel Ritter von Stein (1818–1885), bedeutender Zoologe und Botaniker, Professor an der Karl-Ferdinands-Universität Prag und Lehrer von Ludwig Salvator. Foto: Familie von Stein (Wikipedia).

Ein für Ludwig Salvators späteres Schaffen bestimmender Teil seines Studiums bestand schließlich in seiner künstlerischen Ausbildung, die er durch den Rektor der Prager Akademie der Bildenden Künste, den Historien- und Kirchenmaler sowie Vertreter des historischen Romantizismus, Antonin Lhota, erhielt.

Zu Ludwigs nachhaltigen Kontakten mit der Prager Universität zählte auch Kosteleckys Nachfolger als Professor für Botanik und Direktor des botanischen Gartens (seit 1872), Moritz Willkomm, der sich besonders der Erforschung der Flora der iberischen Halbinsel gewidmet hat und später auch nach Einladung Ludwig Salvators die Balearen zu eingehenden botanischen Studien besuchte (Mader 2002, S. 29).

Laufende sprachliche Ausbildungen verbesserten oder verfeinerten kontinuierlich die Kenntnisse des bereits vier Sprachen mächtigen Erzherzogs zusätzlich in Latein, Altgriechisch, Tschechisch und Serbisch. Später sollten noch Spanisch (Kastilian und Katalan), Mallorquin, Arabisch, Neugriechisch und der friulanische Dialekt hinzukommen.

Von besonderer Bedeutung für Ludwig Salvators weiteres Leben war die in den Sommermonaten des Jahres 1867 mit Eugenio Sforza vorgenommene Studienreise zu den Balearen. Eigentlich beabsichtigte der Erzherzog, in dieser von Vorträgen freien Zeit nach Dalmatien zu reisen, um seine dort begonnenen Studien zu vertiefen und ein groß angelegtes Werk über diesen adriatischen Landesteil der österreichisch-ungarischen Monarchie zu verfassen. Eine in dem Landstrich auftretende Choleraepidemie vereitelte jedoch diese Pläne, sodass die Inselgruppe der Balearen als Ersatzziel gewählt wurde (Schwendinger 2005 und Mader 2002, S. 31).

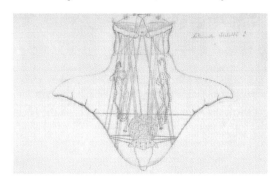

Obwohl im Vordergrund der Studienreise topografisch-statistische Forschungen standen, widmete sich Luigi, wie er im Vorwort seines 1869 im Selbstverlag erschienen Büchleins „Beitrag zur Kenntnis der Coleopteren-Fauna der Balearen" (Salvator 1869) schrieb, „viele Stunden seinem Lieblingsstudium, den Naturwissenschaften" und brachte, auf Balearen-Boden herumkriechend, „durch eifriges Sammeln eine nicht unbeträchtliche Anzahl an Naturprodukten" zusammen. Die ihm unbekannten Käfer ließ er sodann durch den bekannten deutschen Coleopteren-Spezialisten und Tierpräparatehändler Dr. Wilhelm Ludwig Schaufuss, der später sogar sein Privatmuseum in Oberblasewitz bei Dresden nach dem Erzherzog benannte, bestimmen (Mader 2002, S. 34).

Abb. 11: Ludwig Salvator, Zeichnung eines männlichen Rädertierchens (Notommata sieboldi Leydig). Foto: Nationalarchiv Prag.

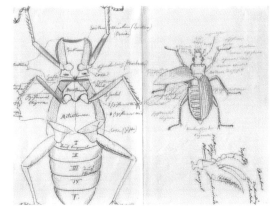

Abb. 12: Ludwig Salvator, Zeichnung eines Käfers. Foto: Nationalarchiv Prag.

Da die Ausbeute und Eindrücke der dreimonatigen Balearen-Reise so groß waren, entschloss sich Ludwig Salvator, eine umfassende interdisziplinäre Monografie über „jene herrlichen Gegenden"[28] zu verfassen und dafür zu einem späteren Zeitpunkt für einen längeren Aufenthalt auf die Inselgruppe zurückzukehren.

1868 bereisten Ludwig Salvator und Eugenio Sforza im Zuge ihres jährlichen sommerlichen Studienaufenthaltes die Liparischen Inseln, die sie ebenso wie die Balearen im Jahr zuvor in ihren Bann zogen und später zum Gegenstand der zweiten großen monografischen Arbeit des Erzherzogs werden sollten. Aus diesem Anlass gab es wieder gute Ratschläge des erfahrenen Vaters Leopold, der als Alternativen zu den sonst zur Entspannung und Erholung vorgesehenen Meerbädern ganz simpel Liebesabenteuer vorschlug, denn „die Liebe sei so gut wie die Arbeit, und es ist nicht Faulheit, sondern notwendig wie das Essen. Denk an uns, Deine Eltern, und verausgabe Dich nicht, mach keine Ausschweifungen in der Arbeit, denn Du hast viel Zeit."[29]

Nach seiner Rückkehr setzte der junge Wissenschaftler neben seinen weiterführenden Studien die Arbeiten am Manuskript des ersten Bandes der Balearen-Monografie fort.

Die Studienreise des Sommers 1869 führte ihn wiederum nach Sizilien und zu den Liparischen Inseln und in weiterer Folge über die spanische Küste nach Algier und zuletzt nach Tunis.[30] Die Reisebeschreibung über die tunesische Hauptstadt veröffentlichte Luigi 1870 als „Tunis. Ein Bild aus dem nordafrikanischen Leben" im Selbstverlag.

Kurze Zeit darauf wurde vom Verlag F.A. Brockhaus in Leipzig anonym die Prachtausgabe des ersten Teiles seines späteren Monumentalwerkes „Die Balearen. Geschildert in Wort und Bild (Die Pytiusen – 1.Teil: Ibiza – 2.Teil: Formentera) in einer Auflage von 100 Stück gedruckt und herausgegeben. Es handelte sich dabei wohl um die inoffizielle Dissertation des genialen habsburgisch-toskanischen Naturwissenschaftlers, die auch das Ende seiner Ausbildungs- und Studienzeit einleitete.

Abb. 13: „Die Balearen. Geschildert in Wort und Bild", Buchcover. Foto: Ludwig-Salvator-Gesellschaft.

Bereits im November 1869 ernannte die Österreichische Geographische Gesellschaft Ludwig Salvator nach Erhalt des ersten Bandes der Bale-

---

28 Ludwig Salvator, Vorwort zur zweibändigen Volksausgabe der „Die Balearen. Geschildert in Wort und Bild", 1. Bd., 1896.

29 Brief Leopold II. an Ludwig Salvator vom 23.7.1868, Nationalarchiv Prag, RAT, Ludvík Salvátor, Lettere di Leopoldo II.

30 Neues Fremden-Blatt vom 15.9.1869.

aren-Monografie als Geschenk zu ihrem Ehrenmitglied.[31] Ihr damaliger Präsident war der Geologe, Forschungsreisende und Entdecker Ferdinand von Hochstetter, der dem jungen Erzherzog bereits durch seine Teilnahme an der Novara-Weltumsegelung ein Begriff war.

Während sich Ludwig Salvator wieder in seine Studien vertiefte, erhielt er kistenweise von ihm angefordertes statistisch-topografisches Material aus Mallorca zugesandt.[32]

Baron Sforza schrieb an seine Schwester:

> Meine liebe Bartolina […] Dem Erzherzog geht es auch gut, auch wenn er sehr wenig Bewegung macht, und ständig am 2. Band der Balearen arbeitet. Ich predige ihm unaufhörlich, dass er krank werden wird, wenn er so weitermacht, aber er, voller Leidenschaft für das Studium, stellt sich taub, und ich kann meine erzieherische Autorität nicht mehr wie früher geltend machen, und ich schweige besser und lasse ihn machen, und ich mache es mir bequem, denn mit diesen Herrschaften ist das die gesündeste Parteinahme.
> (Giunti 2009)   (Prag, 27. Dezember 1869)

Überschattet vom unerwarteten Tod seines Vaters in Rom schloss Ludwig Salvator im ersten Halbjahr 1870 seine universitäre Ausbildung in Prag ab. Der mit der Leitung seiner Studien beauftragt gewesene Universitätsprofessor Dr. Johann Schier erhielt am 2. Juli 1870 pünktlich nach Semesterende aus der Hand von Kaiser Franz Joseph „in Anerkennung seiner verdienstlichen Leistungen den Orden der Eisernen Krone dritter Klasse unter Nachsicht der Taxen".[33]

Nach einem Besuch seiner Geschwister und der verwitweten Mutter in Gmunden reiste Luigi mit Sforza zunächst nach Fiume (heute Rijeka), um Vorbereitungen für den 1871 beginnenden Bau seiner ersehnten Dampfsegelyacht „Nixe" zu treffen, besuchte von dort das benachbarte Buccari-Ré (die gleichnamige, Kaiserin Elisabeth gewidmete Monografie erschien bereits im darauf folgenden Jahr) und reiste über die dalmatinische Küste zu den griechischen Inseln im Ionischen Meer. Hier entstanden jene ersten Eindrücke, die später zu den umfangreichen Monografien über Paxos und Antipaxos, Zante, Ithaka und Levkas führen sollten.

In seiner Ausgabe vom 3. Dezember 1870 berichtete schließlich das Neue Fremden-Blatt, dass „Erzherzog Ludwig Salvator von Toskana beabsichtige, sich nun nach zurückgelegten Studienjahren mit den administrativen Staatsgeschäften bekannt zu machen, zu welchem Zwecke für ihn in der k. k. Prager

---

31 Die Presse vom 15.11./25.11.1869.

32 Anlässlich seines ersten Balearen-Aufenthaltes hatte Ludwig Salvator zufällig Don Francisco Manuel de los Herreros, den Direktor des „Instituto Balear" getroffen. Dieser Gelehrte entwickelte sich in weiterer Folge zu einer zentralen und unentbehrlichen Drehscheibe für die weitere Arbeit und das Leben des Erzherzogs auf den Balearen.

33 Neues Fremden-Blatt vom 2.7.1870.

Statthalterei ein Bureau eingerichtet werde." Dieses ergänzende Praktikum zu seiner rechts- und staatswissenschaftlichen Ausbildung trat er schließlich am 10. Dezember 1870 an[34]. Wie sein späterer Biograf, der deutsche Reisebuchverleger Leo Woerl, festhielt, „fügte sich der lernbegierige Erzherzog der ihm gewordenen Aufgabe, und mögen ihn auch die krausen Pfade bureaukratischer Geschäftsordnungen hie und da befremdet haben, so rühmten doch selbst die gewiegtesten Räte der Statthalterei die Schärfe, mit welcher der Prinz jedwede Angelegenheit zu prüfen, in ihre Elemente zu zerlegen und aus den Details und dem Nebensächlichen die eigentliche Hauptfrage loszulösen wusste. Das war wohl das erfreuliche Ergebnis einer glücklich geleiteten, sehr gründlichen Erziehung und einer strengen Disziplinierung bedeutender natürlicher Anlagen" (Woerl 1899).

3. Quellen

Nationalarchiv Prag, RAT/Leopold II, Ludvík Salvator.

4. Literatur

Contardi, S. und M. Miniati. 2011. „Educating heart and mind: Vincenzo Antinori and scientific culture in Nineteenth century Florence." *Archives Italiennes de Biologia* 149 (Suppl.): 57–62.

Giunti, C. 2009. „La presenza di Eugenio Sforza presso l'Arciduca Lodovico Salvatore." *Rivista Borgolauro* 55: 30–46.

Heimann, H.-D. 2001. „Die Habsburger. Dynastie und Kaiserreich." München: C. H. Beck.

Mader, B. 2002. „Erzherzog Ludwig Salvator. Ein Leben für die Wissenschaft." Wien, ÖStA: Katalog zur gleichnamigen Ausstellung.

Pesendorfer, F. 1988: „Die Habsburger in der Toskana." Wien: Österreichischer Bundesverlag.

Salvator, L. 1869. „Beitrag zur Kenntnis der Coleopteren-Fauna der Balearen". Prag: Selbstverlag.

Schwendinger, H. 2005. „Erzherzog Ludwig Salvator. Der Wissenschaftler aus dem Kaiserhaus. Eine Biographie." Wien: Amalthea, 1. Aufl. 1991. Palma de Mallorca: de Olañeta, 2. Aufl. 2005.

Woerl, L. 1899. „Erzherzog Ludwig Salvator aus dem österreichischen Kaiserhause als Forscher des Mittelmeeres." Leipzig.

Adresse des Autors:

Dr. Wolfgang Löhnert
Ludwig-Salvator-Gesellschaft Wien
Köstlergasse 1, A-1060 Wien

---

[34] Prager Abendblatt, 10.12.1870.

Erzherzog Ludwig Salvators „Wissenslandschaften"

Marianne Klemun

Das monumentale Œuvre Erzherzog Ludwig Salvators entstand in einer Zeit des dramatischen gesellschaftlichen und wissenschaftlichen Wandels, in dem die Ausbildung von Disziplinen zum prägenden Faktor des Wissenschaftsbetriebes wurde. Die Ausdifferenzierung und Methodisierung einer jeweiligen Wissenskonfiguration zu Disziplinen erwies sich infolge interner Differenzierung der Wissenschaften als komplexer gesellschaftlicher wie auch methodischer Prozess. Beides wird in Ludwig Salvators durchaus thematisch breit angelegten Publikationen jedoch nicht greifbar. Deshalb eignet sich der Begriff „Wissenslandschaft" besser als jener der Wissenschaftsdisziplin, um Ludwig Salvators Arbeit aus wissenschaftshistorischer Perspektive zu analysieren. Es ist ein homogener Bereich, der sich aus einzelnen Bestandteilen von Wissen zusammensetzt, der aber nicht von den Disziplingenesen der zweiten Hälfte des 19. Jahrhunderts direkt determiniert wurde.

Die Einordnung von Ludwig Salvators Werk in die Wissenschaftskulturen und „Wissenslandschaften" seiner Zeit erfolgt aus unterschiedlichen Perspektiven. Ausgehend von jener Praxis der Wissensgenerierung, die für Ludwig Salvators Werke konstitutiv war, nämlich das Reisen, wird die Einengung des Reisephänomens zur Forschungsreise diskutiert. Ferner stellt sich die Frage der Zugehörigkeit Ludwig Salvators zu einer der vielen sich im ausgehenden 19. Jahrhundert immer wieder neu formierenden Scientific Communities. Landeskunde und Landschaftskonzept werden als dominante Wahrnehmungs- und Gestaltungskraft der Beobachtung unterwegs ins Blickfeld genommen.

1. Einleitung

Das monumentale Œuvre Erzherzog Ludwig Salvators entstand in einer Zeit des dramatischen gesellschaftlichen und wissenschaftlichen Wandels, in dem die Ausbildung von Disziplinen zum prägenden Faktor des Wissenschaftsbetriebes wurde. Sie beeinflusste Prozesse der Akademisierung, aber auch Gegenstandsbereiche und Problemstellungen. Während die Wissenschaften im 18. Jahrhundert noch offene Grenzen zur Gesellschaft aufwiesen, verwandelten sie sich im Laufe des 19. Jahrhunderts durch kontinuierliche Spezialisierung in undurchlässige Sozial- und Wissenssysteme. Die Ausdifferenzierung und Methodisierung einer jeweiligen Wissenskonfiguration zu Disziplinen erwies sich infolge interner Differenzierung der Wissenschaften (Stichweh 1984) als komplexer gesellschaftlicher wie auch methodischer Prozess. Diese

Ausdifferenzierung wird meines Erachtens in Ludwig Salvators durchaus thematisch breit angelegten Publikationen inhaltlich wie auch methodisch jedoch nicht greifbar. Deshalb scheint mir der Begriff „Wissenslandschaft" besser als jener der Wissenschaftsdisziplin geeignet zu sein, um mich Ludwig Salvators Arbeit aus wissenschaftshistorischer Perspektive anzunähern. Seine Konzentration auf die Landeskunde der Mittelmeerinseln unterstreicht meine Aussage, denn er dokumentierte antiquarisch-enzyklopädisch unterschiedlichste Wissenselemente bezogen auf konkrete Raumeinheiten. Mit dem Begriff „Wissenslandschaften" meine ich einen homogenen Bereich, der sich aus einzelnen Bestandteilen von Wissen zusammensetzt, der aber nicht von den Disziplingenesen der zweiten Hälfte des 19. Jahrhunderts direkt determiniert wurde. Er lässt auch die spezifischen Darstellungsweisen Ludwig Salvators inkludieren, jene, die speziell auf dem für das 19. Jahrhundert typischen, in Deutschland bevorzugten Landschaftsbegriff der Naturforschung und Geografie beruhte.

Ich werde in diesem Artikel Ludwig Salvators „Wissenslandschaften" überblicksartig umreißen und für die Einordnung von dessen Werk in die Wissenschaftskulturen und „Wissenslandschaften" seiner Zeit unterschiedliche Perspektiven wählen. Zunächst werde ich jene Praxis der Wissensgenerierung kurz besprechen, die für Ludwig Salvators Werke konstitutiv war, nämlich das Reisen. Ferner sollte das Reisephänomen in seiner Verengung zur Forschungsreise diskutiert werden, zumal die Frage der Erkenntniszunahme durch Reisetätigkeit im Mittelpunkt meines Interesses steht. Da Wissen stets nur dann als wissenschaftliches Wissen existiert, wenn es auch im „Kollektiv" beglaubigt und ausgehandelt wird (Fleck 1999), stellt sich die Frage der Zugehörigkeit Ludwig Salvators zu einer der vielen im ausgehenden 19. Jahrhundert sich immer wieder neu formierenden Scientific Communities. Und letztlich stehen auch Wissenshierarchien zur Diskussion, die einen wichtigen Faktor der Zuordnung in „Wissenslandschaften" darstellen. Dabei rückt das Landschaftskonzept der Zeit als dominante Wahrnehmungs- und Gestaltungskraft der Beobachtung unterwegs wie auch der Niederschrift Ludwig Salvators ins Blickfeld.

2. Wissensgenerierung, Registrierung und Dokumentation

Reisen als Kulturtechnik ist in allen Epochen der Menschheitsgeschichte verbreitet und vielen Kulturen inhärent. Es ist dem Generieren von Information, Wissen und Wissenschaft konstitutiv. Aber da das Reisen eben nicht nur der Wissenschaft vorbehalten ist, sondern allseits Praxis, ist das Reisephänomen auch nicht so leicht in seiner sich wandelnden Funktionalität bezüglich der wissenschaftlichen Erkenntnisgewinnung und -darstellung zu fassen. Zentral für jede Einschätzung ist die Art der Dokumentation unterwegs, der Bezug auf bewusst geleitete Beobachtung und auf reflektierte Strategie der Datensammlung.

Das wissensbasierte Reisegeschehen zur Gewinnung von Wissen expandierte seit dem 16. Jahrhundert und erlangte schließlich infolge des Kolonialismus in der zweiten Hälfte des 19. Jahrhunderts erneut einen Höhepunkt. Seine Befunde, die zu Reisebeschreibungen und meist zu Länderkunden oder Ortskunden zusammengeführt wurden, waren auf die Tendenz ausgerichtet, einen immer größeren Markt zu sättigen. Gleichzeitig wurde besonders für reisende Naturforscher mehr und mehr die Strategie der Abgrenzung gegenüber populärem Wissen bedeutend, indem sie eine exakte, auf den Objektbereich konzentrierte Wissenschaftsprosa wählten (Fisch 1989). Das Beobachtete oder Gesammelte wurde zwar weiterhin im narrativen Zusammenhang systematisch-geordneter Wissensbestände vermittelt (Zimmermann 2003), aber die Darstellung der eigentlichen Reiseerlebnisse wurde zunehmend vom analytischen Teil abgetrennt und einem eigenen Genre zugeführt (Bödeker, Bauerkämper und Struck 2004). Als Beispiel für ein solches Vorgehen ist etwa Philipp Paulitschke anzuführen, der als Geograf seine Expedition nach Äthiopien richtete. Mit seiner auf der Reise fußenden Arbeit habilitierte er sich an der Universität Wien. In seiner Veröffentlichung gab er zwar der Narration ihren Platz im Text, aber vom wissenschaftlichen Teil abgeschieden (Paulitschke 1888). Für Ludwig Salvator existierte die strenge textuelle Zweigleisigkeit im Gegensatz zu vielen anderen wissenschaftlichen Reisenden nicht. Allein in der mehrbändigen Publikation über die Balearen (Salvator 1869–1891) und auch in der gekürzten Volksausgabe zu diesen Inseln (Salvator 1897) sowie im Werk über „Zante", heute Sákinthos (Salvator 1904), ordnete er sich allerdings diesem doch streng sachlichen Duktus dann auch gleich völlig unter. Ansonsten regierte eher das sinnlich und ereignishaft Erlebte seine ganze Niederschrift.

Zwischen der subjektiven Konstitution der Reise und ihrem Sach- und Ordnungsbezug existierten zu Ludwig Salvators Zeit viele Möglichkeiten als unterschiedliche Varianten der Gestaltung, die er als Autor alle erprobte. So wählte er ganz unterschiedliche Formate, die seine Freude am Darstellen und Wiedergeben der Erfahrung sowie der auf Reisen gesammelten Fakten bestimmten. Seine ersten Veröffentlichungen waren mit der Beschreibung der Städte Norditaliens und des venetianischen Gebietes (Salvator 1868a), von Valencia (Salvator 1868b) und später dann von „Levkosia", heute Nikosia (Salvator 1873), auch von Los Angeles (Salvator 1878) und Hobarttown (Salvator 1886a) dem städtekundlichen Genre gewidmet. Er erweiterte seinen vom Meer aus auf einzigartige Landschaftsformen gerichteten Blick wie zum Beispiel auf die besiedelten Meeresbuchten, so etwa auf jene von „Bucchari", heute Bakar (Salvator 1871). Seine Erzählungen über einzelne Inseln des Mittelmeers führten Titel wie etwa „Yacht-Reise" (Salvator 1874), „Spazierfahrt" (Salvator 1876) oder auch „Lose Blätter" (Salvator 1886b), was die Leichtigkeit seines Anspruchs und Stils signalisierte. Auch verfasste er Reisehandbücher, die dem von ihm durchaus gewollten Tourismus dienten (Salvator 1890). Daneben erwiesen sich einige Publikationen immer mehr als

Speicher für Landeskunde, wobei er auch bezüglich der drucktechnischen Ausgestaltung der Monumentalbände mehr und mehr Kreativität walten ließ. So führte er beispielsweise in der Monografie zu Columbretes (Salvator 1895) einzelne Vignetten ein, welche auf die jeweiligen inhaltlichen Objekte, etwa Kaktusfeigen oder Seetiere, verwiesen.

Während das Bildungsbürgertum, verwöhnt durch Alexander von Humboldts „Kosmos" und die vielen Fachzeitschriften der sogenannten „Länder- und Völkerkunde", auf ein faktengesättigtes Gesamtbild bereister und beschriebener Regionen der nahen und weiten Welt ausgerichtet war, erwartete es dennoch Authentizität, die nur durch die individuelle Reise-erfahrung gegeben schien (Brenner 1989). Während das eine Bände füllte, konnte das andere, offenbar unverzichtbar, zumindest in den Vorspann verbannt werden. Ludwig Salvator nützte zwar in den meisten Fällen – wiewohl als anonym publizierender Autor – ebenfalls die Vorworte für eine persönliche Ansprache an das Lesepublikum, fand allerdings damit nicht immer sein Auslangen, zumal er das individuelle Reiseereignis – wie etwa im Falle des Besuches der Weltausstellung in Melbourne 1881 – mit dem Titel „Um die Welt, ohne zu wollen" (Salvator 1881) zum Hauptteil der Publikation ausdehnte. Expeditionen als Weltumsegelungen bildeten seit dem 18. Jahrhundert eine beliebte Möglichkeit der europäischen Mächte, sich dem globalen Bewusstsein konkret zu stellen (Pratt 1992). Die Ausbeute, etwa aus Pflanzenherbarien bestehend, bereicherte die europäischen Sammlungen und stand der weiteren Forschung zur Verfügung. Ludwig Salvators Buch führte in diesem speziellen Fall seiner Weltumrundung jedoch eine andere Möglichkeit vor. Mittels der Postschiffe, also quasi öffentlich, führte er die Aufzeichnungen wie ein Kapitän als Logbuch.

Als Struktur für den in vielen seiner Publikationen vorherrschenden Sachbezug fungierte ein länderkundliches Schema, das Ludwig Salvator je nach Zugang zu Informationen, Informanten und erfolgreich helfenden Datenzuträgern, die er für sein Sammelprojekt zu gewinnen vermochte, formal wie auch inhaltlich variierte. Je nach Geschick und Sprachkenntnissen wusste sich jeder Reisende über Kontakte zu Einheimischen – zu Beamten der Verwaltung, zu Bürgermeistern, zur örtlichen Elite wie auch zur Bevölkerung – Informationen zu verschaffen. Ludwig Salvator hatte hier mit seinen umfangreichen Sprachkenntnissen – er soll mehr als zehn Sprachen beherrscht haben – durchaus Vorteile. Für Forschungsreisende wurde es mehr und mehr üblich, einzelne Beobachtungen nicht mehr der Beobachtungschronologie gemäß zu verzeichnen, sondern in einem strukturell nachvollziehbaren Wissensaufbau zugänglich zu machen (Brenner 1989).

Dieser systematisierte Wissensaufbau, die länderkundliche Schablone, oft als Beschreibung von „Land und Leuten" bezeichnet, bildete bereits seit dem Humanismus zwar ein traditionell erprobtes, aber auch erstarrtes Ordnungsgefüge. Es konnte allerdings auch – wie im Falle von Ludwigs Salvators Publikationen – erweitert und inhaltlich breit aufgefüllt werden. Es reichte von der physischen Verortung eines zu beschreibenden Gebietes zu Klima, Wetterdaten und den drei Reichen der Natur und ging bis hin zur Verfassung und Kultur der Bewohner, sowohl ihre sozialen Gegebenheiten als auch Sprache und Dichtung eingeschlossen. Verfestigt wurde das Schema durch die „statistische" Staatenkunde, die schon im Rahmen der Göttinger Universität des 18. Jahrhunderts und ihrer aufstrebenden Geschichtswissenschaft besonders geprägt worden war (Stagl 1995). Innerhalb der Kameralistik war die Wohlfahrt der Bevölkerung zu einem Wissensobjekt und Gegenstand obrigkeitlicher Kontrolle und Regulierung geworden. „Statistik" war gemeinhin als „eine Länder, Bevölkerungs- und Staatengeschichte zu verstehen, die überwiegend deskriptiv verfuhr und aus sehr heterogenen Quellen schöpfte" (Behnen 1987). Mehr und mehr wurde dieses Herrschaftswissen durch statistische Daten gesättigt und fand auch Eingang in die Rechts- und Staatslehre sowie deren Handbücher.

Die Initiativen der Ansammlung von quantitativen Daten durch selbst ernannte Spezialisten waren seit dem Ende des 18. Jahrhunderts und im Laufe des 19. Jahrhunderts von staatlichen statistischen Büros abgelöst (zum Beispiel 1796 in Frankreich, 1805 in Preußen, 1810 in Österreich, 1834 in Griechenland und 1862 in Serbien gegründet) und als Zentralstellen eines Imperiums – so etwa im Deutschen Kaiserreich ab 1872 – organisiert worden. Eines der bedeutendsten Referenzwerke auf dem Gebiet der Verwaltungslehre legte der Wiener Ordinarius für politische Ökonomie Lorenz von Stein 1865–1868 vor, indem er der „Statistik" Grundlagenstatus für seine Disziplin zuwies (Mauerer 2012), wodurch gesellschaftliche Grundmuster erkennbar gemacht werden sollten. Die von ihm angedachte „Bevölkerungslehre", welche die Bedingungen der Zu- und Abnahme der Bevölkerung analysieren sollte, basierte ebenfalls auf der statistischen Aufnahme unterschiedlichster Aspekte der Bevölkerung.

Dem statistisch-landeskundlichen Paradigma, das in der Staatskunde, aber auch in vielen anderen Wissensbezügen wie beispielsweise zunächst der Kameralistik, dann Geschichtswissenschaft, Geografie, Verwaltung, Staatskunde und mehr und mehr in der Volkswirtschaft seine markante Präsenz zeigte, fühlte sich Ludwig Salvator grundsätzlich verpflichtet. Das belegen die Gliederungen seiner Werke recht gut, in denen das Gerüst der Landeskunde oder Länderkunde sichtbar wird. Es war aber auch eine „Kunde", wie sie seit dem Humanismus bereits für Reisepublikationen unverzichtbar geworden war. Es kann nicht oft genug gesagt werden, dass das länderkundliche Schema, intensiviert durch die statistisch-deskriptive wie auch statistisch-mathematische Methode, für Ludwig Salvators Publikationen das dominante Gerüst der Wissensordnung bildete. Statistisch erfassbares Datenmaterial verschob sich in der Gewichtung von der Deskription zur Quantifizierung und entsprechend zu einer allgemein beliebten Darstellungsform, die man auch in vielen unterschiedlichen patriotisch-landeskundlichen Zeitschriften (die älteste seit 1811 noch immer bestehende war die „Carinthia") vorfand. So bediente sich Ludwig Salvator eines Ordnungsgerippes und einer Aufschreibeform, die dem Ordnungsdenken seiner Zeit durchaus entsprach, die aber als Methode keiner Disziplin spezifisch zu eigen war. Dass Ludwig Salvator mit diesem Hang zur Quantifizierung aber auch an Grenzen stieß und jene manchmal überschritt, möchte ich an einem Beispiel zeigen: So überführt er sogar die Abfolge von Erdzeitaltern in eine statistische Verteilung von diesen, bezogen auf die ganze Ausdehnung der Insel Menorca gerechnet (Salvator 1890–1891), was als Aussage für das Verstehen der Erdgeschichte wenig Sinn macht.

Bezüglich der Statistik als staatswissenschaftlichem Grundwissen wäre zu vermuten, dass der Einfluss seiner Privatlehrer in Böhmen, Universitätsprofessor der Rechts- und Staatswissenschaften Johann Schier sowie Ludwig Randa, eine entscheidende Rolle spielte (Woerl 1899). Länderbeschreibungen hatten allerdings bereits in den für den späteren Kaiser Joseph II. zusammengestellten Erziehungsmaterialien einen gewichtigen Platz (Benna 1967, Klingenstein 2004). Sie waren ein gutes Mittel zur Erstellung eines Überblicks über die Beschaffenheit eines Landes und dessen Potenzial (Schneider 1994). Marlies Raffler sieht in ihnen sogar die „Modelle" für die neu entstehenden habsburgischen Landes- und Nationalmuseen des 19. Jahrhunderts (Raffler 2007). Ihr Initiator, Erzherzog Johann, war mit dem Museum Joanneum 1811 ein nachhaltig wirkender und reflektierter Museumsgründer und hatte mit statistischen Erhebungen und mit eigens entwickelten Erhebungsbögen die systematisch betriebene Bestandsaufnahme der natürlichen und industriellen Gegebenheiten des Landes in den Dienst der Modernisierung gestellt. Auch im Denkmalschutz war infolge der Gründung der „k. k. Zentral-Kommission für Denkmalpflege" (1850) ab 1863 etwa die Erstellung einer Kunsttopografie der ganzen Monarchie über die Versendung von Fragebögen abgewickelt worden (Brückler 2009). Die wenigen hier angeführten Beispiele mögen zeigen, dass der Informationserwerb mittels Fragebogen viele Operationsfelder eröffnete, die in der Monarchie in engem Zusammenhang mit dem Herrschaftsgefüge standen.

Instruktionen gingen mit der Entwicklung der Fragebögen der Neuzeit teilweise konform, waren aber ursprünglich ein Kind der traditionellen Verwaltung und Bürokratie (Hipfinger et al. 2012). Als Kontrollmechanismus wurden sie für das Reisen adaptiert, weil dieser einem doch prinzipiell dem Eskapismus (Sloterdijk 2005) nahen Phänomen „Bodenhaftung" verlieh. Keine Forschungsreise wurde unternommen, ohne dass nicht auch eine solche sie vorbereitende Instruktion mit einem Fragenkatalog im Voraus entworfen wurde (Despoix 2009). Bereits die in der Royal Society im 17. Jahrhundert eingesetzten Instruktionen, die zusätzlich auch Fragebögen enthielten, wurden zum unverzichtbaren Instrument der Datengewinnung für wissenshungrige Reisende (Klemun 2012a). Standardisierte Listen bedingten die Arbeit im Kontakt mit den Einheimischen, im Gelände, in den Bibliotheken und Archiven, was quasi auf dem Beobachtungsniveau sowie auf der formalisierten Erhebungsebene die Wissensgenerierung kanalisierte. Fragebögen führten somit eine Regelhaftigkeit ein, formierten Kommunikationsstränge zwischen den Beteiligten der Befragung. Die Fragekriterien repräsentierten einerseits Neutralität, jedoch beruhten sie andererseits auf überlegter Auswahl. Der Ethnograf Krauss betonte in seiner „Allgemeinen Methodik der Volkskunde", dass Fragebögen „[v]orzüglich einen Wert für den [haben], der sie zusammenstellt" (Krauss und Schermann 1899, 52). Die in den „Tabulae Ludovicianae" (Salvator 1869) für Ludwig Salvators „Länderbeschreibung" entworfenen Kategorien, die er sogar vorgedruckt als Grundlage der Erhebung auf seinen Erkundungen nutzte, waren zum einen hochaktuell, zum anderen manchmal jedoch in einem überkommenen Wissenschaftsverständnis verhaftet. Hier zwei Beispiele im Detail: Wir finden für die Erhebung der Mortalität der Bevölkerung („Todesfälle: Durch Gewalt") als Gründe „Selbstmord", „Tötung", „Unglück" und auch die „Hundewut" (Salvator 1869) vor. Letztere Thematik war in einen emotionalen Zusammenhang eingebettet. Wie kaum ein anderer Ausdruck der bipolaren Mensch-Tier-Beziehung beschäftigte die medizinisch noch nicht geklärte Tollwut die Wiener Öffentlichkeit in den ausgehenden 1860er-Jahren besonders. Distanzierung, aber gleichzeitig Vermenschlichung der Hunde begleitete die heftige Debatte, die sich in der zeitgenössischen Presse niederschlug. Den durch Tollwut infolge von Hundebissen erfolgten Todesfällen wollte man 1862 durch die erstmalige Einführung der Beißkorb- und Leinenpflicht und 1869 durch die Hundesteuer entgegenwirken (Poller 2015). Damit wurden die Hunde auf der einen Seite enger an den Haushalt der Menschen gebunden, auf der anderen Seite in der Öffentlichkeit jedoch ausgegrenzt. Die rege Diskussion manifestierte sich offenbar hochbrisant in der Erhebungsrubrik, wenn die Tollwut als Todesursache „Durch Gewalt" eigens neben dem „Selbstmord" ausgewiesen ist.

Weniger aktuell hingegen war die vorgegebene Kategorisierung bezüglich der Erdwissenschaften, wenn diese als „Geognosie" bestimmt wird. Dieser Terminus war von Abraham Gottlob Werner, dem international einflussreichen Professor an der Freiberger Bergakademie, der unzählige Studenten aus dem Ausland angezogen hatte, 1780 eingeführt und nachhaltig inhaltlich bestimmt worden. Er stand für eine deutsche Spezialentwicklung dieses Wissenszweiges, die sich lediglich als Beschreibung der „Erdkruste" verstand. Er wurde erfolgreich der französischen oder englischen „Geologie" als theoretische Wissenschaft entgegengestellt, die man als spekulativ herabsetzte (Albrecht und Ladwig 2003, Klemun 2015). Um 1869 allerdings, zur Zeit der Publikation der „Tabulae", war das Konzept schon längst obsolet. Es passte jedenfalls zu der Ausrichtung, die Ludwig Salvator verfolgte, eine Beschreibung der Erdoberfläche vorzunehmen. Freilich sollte er Jahrzehnte später durchaus in seinen Werken auch Aspekte der Geologie im Sinne eines historischen Konzepts ausführlich aufgreifen, wie etwa im Werk „Die Insel Menorca" (Salvator 1890–1891), zumal er sich auf gute Vorarbeiten der bereits durchgeführten staatlichen spanischen geologischen Landesaufnahme beziehen konnte. Jedoch vermied er insgesamt eher den Begriff Geologie und ersetzte ihn gerne durch „Geognosie", „Lithologie" oder auf die Dingebene bezogen durch „Gesteine". Deskriptiv vorzugehen und nicht deutend, das war für Ludwig Salvator als Dokumentator das wichtigste Anliegen. Die begriffsgeschichtliche Ebene jedenfalls belegt es nachvollziehbar, dass er sich dieser deutschsprachigen Tradition unterordnete, einer die kein Geringerer als Eduard Suess, der die Geologie der Zeit nach 1870 von Wien aus international bestimmte, rückblickend sehr kritisch bewertete: „Auf diese Art wird das historische Element ganz ausgeschlossen. Die Gestalt der Buchstaben, nicht das Lesen wurde gelernt." (Suess 1916, S. 113)

Ludwig Salvator erfasste Phänomene der Natur und Kultur mittels eigener Zeichnung und schriftlicher Notizen. Diese Technik war nahezu für alle wissenschaftlichen Reisenden obligat, egal, ob sie als Archäologen, Altertumswissenschaftler, Botaniker, Geologen oder Geografen etc. unterwegs waren. Das Notizbuch wurde zum verbindlichen Instrument der Dokumentation. Das Aufgezeichnete bedeutete das, was der französische Wissenschaftshistoriker Bruno Latour als „immutable mobiles" (Latour 1990) bestimmt: Es sind unveränderbare, auf Blatt fixierte Momentaufnahmen von Dingen, Artefakten und Naturphänomenen, Abschriften von Dokumenten und Belegen, die auf Ludwig Salvators Wegen von den Inseln in seine aufwendig erzeugten Bücher mobil, also „übersetzt" wurden. Jeder Übersetzung ist eine Bedeutungsverschiebung inhärent, der in diesem Artikel aus Platzgründen keine weitere Analyse gewidmet werden kann.

Ludwig Salvator nannte seine Aufzeichnungen Bilder, einerlei, ob sie aus Worten oder aus tatsächlich von ihm skizzierten künstlerisch ansprechenden Zeichnungen oder Abstraktionen bestanden. So bediente er sich einer Praxis, die in vielen Wissensfeldern, besonders auch in der aufstrebenden Anthropologie (die mit einer europäischen Gründungswelle an eigenen Vereinen ab 1859 in Paris, 1870 in Wien einherging) oder der Volkskunde, zum Standard zählte. Als körpernah war beispielsweise Kleidung eine zentrale Objektgruppe dieses Wissenschaftszweiges, die sich der bildlichen Darstellung und Typologisierung anbot. Tradition, Nation, ethnische Zugehörigkeiten und Identitätsbezug schienen ihr klar eingeschrieben. Sie diente quasi als Marker dazu, kulturelle Ordnungen an ihr ablesen zu können. Ludwig Salvator entzog sich jedoch einer Diskussion solcher ethnischen Differenzierungen, die jeweils auch politisch-soziale Grenzziehungen dienten, er führte sie als Beleg der Mannigfaltigkeit vor. Dies zeigt eine künstlerisch mit großem Aufwand ausgeführte Sammlung von „Trachten aus den Bergen", die er aus musealen

Gründen als „Das was verschwindet" (Salvator 1905) betitelte. Damit erweist sich Ludwig Salvator als dem Historismus zugehörig. Die Gesichter des Historismus sind vielfältig, der verklärende Rückblick in die Vergangenheit und das Festhalten an Altem stellen aber immer eine wichtige Seite des Phänomens dar. Allerdings darf deshalb nicht die Aussage im Raum stehen bleiben, dass Ludwig Salvator nicht auch die Zukunft im Visier gehabt hätte. Seine Überlegungen zu Fragen des Verkehrs, wie etwa die Errichtung einer Bahnlinie zwischen Ägypten und Syrien (Salvator 1879), sowie sein großes Interesse an Weltausstellungen sind Ausdruck eines sich am Fortschritt und Puls der Zeit orientierenden Interesses.

3. Beobachten und Ästhetisieren

Kommen wir nochmals zu den Aufschreibeformen während des wissenschaftlichen Reisens zurück. Zwischen einem neuen Gegenüber und der Niederschrift stand die Aktivität der Beobachtung. Die Wissenschaftsgeschichte plagt sich derzeit mit dieser Kulturtechnik, die zu den beliebtesten Referenzen des Wissenschaftsbetriebes im 19. Jahrhundert zählte, jedoch auch zu den damals und heute schwierigsten epistemisch erfassbaren. Beobachtung erzieht die Sinne, sie leitet die Suche nach Werkzeugen wie auch die Urteilskraft (Daston und Lunbeck 2011). Sie wird gesellschaftlich bestimmt, indem sie jeweils auch in der Kultur vermittelt und kollektiv erlernt wurde. Was machte diese Beobachtung aus? Sie setzte sich aus bewusster Wahrnehmung, Fokussierung der Sinne und Synthetisierung zusammen. Alle drei wurden durch vorgegebene Fragen geleitet. Konditionierung durch Vorwissen würde nach heutiger wissenschaftstheoretischer Auffassung Einfluss auf die Beobachtung haben. Jedenfalls war Beobachtung immer eine trainierte, eingeübte Fähigkeit. Denn hier liegt der Unterschied zwischen der Jeden-Tag-Beobachtung und einer wissenschaftlich oder erkenntnisgeleitet-determinierten. Ludwig Salvator war bereits in seiner Jugend diesem durch die Naturgeschichte bestimmten Beobachtungstraining unterzogen worden, in den reichen Sammlungen in Florenz wie auch später in den von Universitätsprofessoren geleiteten Privatstudien.

Beobachtung und Wahrnehmung sind beeinflusst vom Wissen und abhängig von dem, was man der Beobachtung als Macht zuschrieb. Gefordert wurde vom Naturbeobachter ein bewusster Prozess. Aber dieses Prinzip widerspricht sich insofern selbst, als selbst das trainierte Auge sich der Kognition vieler Schritte nicht bewusst war. Deshalb kam den Dokumentationsweisen auch eine große Bedeutung zu, denn sie sollten diesen Prozess bewusster machen, so die zeitgenössischen Anleitungen. Um Beobachtung als bewussten Prozess zu steuern, gibt Kaltbrunner in seinem Führer „Der Beobachter" (Kaltbrunner 1883) für wissenschaftliche Reisende folgende Empfehlungen:

> Man beobachte den Thatbestand ebenso aufmerksam als gewissenhaft und notiere die Wahrnehmungen unverzüglich in ein Heft, nach dem Eindruck, den man davon empfing und solange dieser noch frisch ist. Später, bei ruhigerer Ueberlegung, wird man schon erkennen und ausscheiden, was in diesen ersten Eindrücken und Notizen Uebertriebenes enthalten sein mag.
>
> Ist das Objekt der Beobachtung ein komplizirtes, so zerlege man es in Gedanken, man studire es in seinen verschiedenen Theilen, in allen seinen Formen, und achte dabei stets auf seine Beziehungen zum Ganzen; dann füge man wieder zusammen, was man vorher auf dem Wege der Abstraktion zerlegte und schaffe sich so ein Gesamtbild (Kaltbrunner 1883, 165ff).

Zerstückeln und Zusammenführen der Eindrücke, das waren die kognitiven Strategien, die das Notizbuch als „little tool of knowledge" (Becker und Clark 2001) in der freien Natur ermöglichte. In der Auffassung der Professionalisierungsdebatte der Naturwissenschaften wurde etwa ab 1850 eine Trennung zwischen der reinen Beobachtung und dem Experiment stilisiert, die Registrierung von Daten als passive Tätigkeit dem Experiment als aktives Handeln des Wissenschaftlers im Status weit untergeordnet. So kam es zu einer idealisierten Opposition zwischen passiver Sammlung von Wissen und aktiver Intervention im Experiment (Daston und Lunbeck 2011). Dem Ersteren wurden eher Laien zugeschrieben, dem Zweiten die professionalisierte Wissenschaft. Wir sehen das heute natürlich anders, weil wir als Wissenschaftshistoriker und historikerinnen die Komplexität der besonders ab 1880 geführten Debatte kennen. In dieser etablierte sich die Feldforschung erst als anerkannte eigene Wissenschaftspraxis (Kohler 2002, Kuklick und Kohler 1996). Wir wissen ebenso, wie das Ringen um das Phänomen der Beobachtung gerade auch die beschreibenden Naturwissenschaftler das ganze 19. Jahrhundert theoretisch beschäftigte, wenn wir die Anleitung wie etwa jene Kaltbrunners zum wissenschaftlichen Beobachten berücksichtigen (Kaltbrunner 1883). Ludwig Salvator artikulierte seine methodische Zugehörigkeit zur Feldforschung nicht explizit, widmete sich aber exzessiv seinen Registrierungsvorhaben. Neben der Beobachtung war es aber die Aktivität des Sammelns, die das Reisen begleitete. Den Ansätzen von Anke te Hessen und Emma C. Spary folgend (te Heesen und Spary 2009), sehen wir Sammeln heute nicht mehr nur als eine der eigentlichen Wissenschaft vorangehende verstaubte unwichtige Beschäftigung, sondern als zentralen Teil auf Wissen fußender wissenschaftlicher Aktivität selbst. Das können wir anhand von Ludwig Salvators Arbeit nachvollziehen, denn ohne seinen elaborierten Wissenshorizont hätte es nicht zu diesen schriftlichen Materialsammlungen kommen können. Seine Kenntnisse waren breit aufgestellt, sie reichten von der Naturforschung über die Geografie und die Verwaltung zu den historischen Fächern.

Seit Alexander von Humboldt wirkte gerade für die beschreibenden Naturwissenschaften der Anspruch nachhaltig, Beobachtung und exakte Naturforschung mit ästhetischen Zugangsweisen zu vereinen. Mit Pinsel und Bleistift,

Fragebogen und Notizbuch, die Ludwig Salvator – wie nahezu alle wissenschaftlich Reisenden – als geschätzte Werkzeuge einsetzte, näherte er sich den Phänomenen. Es war der Fragenkatalog, der für Ludwig Salvator als Objektivierungsverfahren fungierte, jene Erhebungsstrategie, die ich bereits ausführlich in ihrer disziplinären Genese und Multifunktionalität erörtert habe. Es ist bezeichnend, dass Ludwig Salvators erster Biograf Woerl diesen Aspekt hervorhob und sich auf Objektivität in folgender Form berief: „Mit einer großen Neigung zur Natur und mit einem Verständnis für Schönheiten verbindet der Erzherzog eine beinahe ängstlich behütete Objektivität, eine peinliche, das Einzelne und Kleinste nicht verschmähende Sorgfalt und Gewissenhaftigkeit" (Woerl 1899, S. 17). Zum zuvor erwähnten ästhetischen Aspekt in Beziehung zur Beobachtung komme ich sogleich, nachdem ich den wichtigen Punkt der Zugehörigkeit Ludwig Salvators zur Scientific Community besprochen habe.

Um es vorwegzunehmen: Erzherzog Ludwig Salvator gehörte der Scientific Community nicht an. Bezüglich meiner Aussagen würden Skeptische als Gegenargument einbringen, dass er sowohl in unzähligen Vereinen und Gesellschaften als auch in Akademien weit über die habsburgische Monarchie hinaus zum Ehrenmitglied gewählt worden war (Mader 2002). Ehrenmitgliedschaften wurden aber im 19. Jahrhundert noch immer auch nach dem gesellschaftlichen Status und Stammbaum vergeben, das belegen die Listen der Geehrten. Und die habsburgische Dynastie, besonders die toskanische Linie, hatte viele naturkundlich Interessierte als Leitfiguren wissenschaftlicher Einrichtungen in ihrer Ahnengalerie. In der Tat beeindruckten die Monumentalwerke wegen ihres Faktenreichtums, aber noch mehr wegen der kostbaren Drucktechnik der Illustrationen. Am tatsächlichen Vereinsleben nahm Ludwig Salvator kaum teil. Ich meine damit die gesellschaftlich-kommunikative Seite, die regelmäßige Anwesenheit und diskutierende Teilnahme in den Sitzungen. Allenfalls schrieb er kurze Mitteilungen, wie geschmeichelt er sich fühle, Mitglied geworden zu sein, wie im Falle der k. k. Zoologisch-Botanischen Gesellschaft in Wien (k. k. Zool.-Bot. Ges. Wien 1865). Eine Scientific Community jedoch ist – so Lorraine Daston – bestimmt durch Distanz und Nähe als wichtigste Charakteristika einer quasi „kosmischen Gemeinschaft" (Daston 2001), deren Mitglieder sich über Räume hinweg auf gemeinsame Episteme oder fachliche Konzepte verständigen. Man kommuniziert besonders über die Veröffentlichungen und nicht nur über Briefe. Sieht man sich allerdings eine Korrespondenz zwischen einem Gelehrten wie Ferdinand Hochstetter und Ludwig Salvator an (erstmals ediert bei Schwendinger 1990, 2. Bd. S. 426–430), dann zeigt sich, dass Hochstetter bei aller Berücksichtigung seines eigenen niederen ständischen Status gegenüber dem Erzherzog sich in Bezug auf die Wissenschaft jedoch eindeutig als überlegen zeigte, wenn er diesem bestimmte Reisedestinationen anriet. Eine wirklich inhaltliche gegenseitige Bezugnahme auf Forschungskonzepte auf Augenhöhe fand zwischen beiden nicht statt. Wiewohl zwar Unpersönlichkeit als eine die Scientific Community kennzeichnende Tugend definiert wurde

(Daston 2001), womit das Aufeinanderbeziehen von Aussagen in Publikationen gemeint ist, war eben Anonymität bei der Autorschaft ein absolutes Hindernis der Zugehörigkeit zu einer Community, und Erzherzog Ludwig Salvator publizierte seine Werke fast ausschließlich anonym.

Wie kamen die Publikationen dann überhaupt an die Vereine und Akademien? Ludwig Salvator verteilte seine Werke persönlich, mit Widmungen versehen, in seinem durchaus weiten Netz an Korrespondenzpartnern und an Gelehrteneinrichtungen wie auch an bürgerliche Vereine. In der kaiserlichen Wiener Akademie wurden Ludwig Salvators Bücher nicht in die Bibliothek aufgenommen, jedenfalls sind sie dort nicht mehr erhalten. Dank der an der Akademie beheimateten, aus privater Initiative entstandenen Sammlung Woldan sind viele Werke dort auch heute noch einsehbar, was trotz der löblichen Initiative von Herrn Löhnert, der sie digitalisiert im Internet verfügbar macht, wichtig ist.

Als Ludwig Salvator starb, wurde ihm in der Wiener Akademie ein Nachruf gewidmet, der mehr seine Einschätzung als Autor von „fesselnden Schilderungen von Land und Leuten" und nicht so sehr als einen aus ihrer Mitte zum Ausdruck brachte (ÖAW 1916). Auch die Königliche Geographische Gesellschaft zu London hatte, um ein weiteres Beispiel zu erwähnen, Ludwig Salvator geehrt, wegen seiner „außerordentlichen Leistungen", namentlich auf dem „Gebiete der Länder- und Völkerkunde", wie die „Morgen-Post" am 12. Juli 1881 (Seite 3) berichtete. Länder- und Völkerkunde aber waren Wissensfelder, die keine disziplinäre Spezifität in sich trugen, wie auch etwa die Speläologie (Höhlenkunde), die unterschiedlichste soziale Gruppen, Wissensinitiativen und Felder zusammenbrachte, und die Ludwig Salvator ebenfalls am Herzen lag. Die professionelle Geografie erlebte zu Ludwig Salvators Zeit ihre Transformation in drei Richtungen, in jene der Geopolitik, der Humangeografie (Friedrich Ratzel) und der Physischen Geografie. In den habsburgischen Ländern zeigte sich eine Zweigleisigkeit der Geografie, einerseits als humanwissenschaftlich auf Sprachen konzentrierte und andererseits auf physische Gegebenheiten ausgerichtete, die auf der gut etablierten Geologie basierte. Allenfalls konnte man Ludwig Salvators Werk der letzteren Richtung zuordnen. Eine konzeptuelle Weiterentwicklung hatte er nicht vorgenommen. Das auf die Karl Ritter'sche Geografie zurückgehende traditionelle teleologische Potenzial der Geografie, wodurch der Kenntnis von der Erde oder einem Landstrich die Funktion als „Erziehungshaus für die Menschheit" (Lichtenberger 2009) zukam, war bei Ludwig Salvator ebenso fassbar wie auch der „modernere" Determinismus, der davon ausging, dass die Menschen und ihre Zivilisationen durch ihre Naturgegebenheiten geprägt seien.

Ludwig Salvator sah sich selbst recht bescheiden nicht als Naturwissenschaftler, vielmehr beabsichtigte er lediglich, eine „Vorstellung der landschaftlichen Reize [zu] geben [... und] die Kenntnisse über jene herrlichen Gegenden

[zu] verbreiten". (Salvator 1897, Vorwort) Er manifestierte sich in seinen Arbeiten als Humanist, Naturliebhaber, Dokumentator, wissender Sammler und Bewahrer sowie ganz besonders als Wissenskommunikator. Die wohl weitreichendste internationale öffentliche Plattform der Wissensvermittlung seiner Zeit, die Weltausstellungen, liebte und schätzte er auch aus diesem Grunde als Besucher ganz besonders.

Forschung jedoch war ein Schlüsselwort der zweiten Hälfte des 19. Jahrhunderts, mit einer interessanten Konnotation, weil sie eine neue Haltung zu der der Erkenntnis unterworfenen Aktivität implizierte (Diemer 1978). Ihre Prägung entstammte eigentlich der Philologie, privilegierte einerseits hermeneutische Prozesse, andererseits die Forderung nach Ausschaltung des Subjekts bei der Beobachtung mittels Instrumenten. Beide Aspekte bestimmten die allgemeine Diskussion über die Herstellung von Erkenntnis. Kritisch-vergleichende Spezialisierung und umfassende Breite des Blicks waren gefordert, aber gleichzeitig schwer miteinander zu vereinen. Für Expeditionen und Forschungsreisen wurde es immer mehr verbindlich, Phänomene schon unterwegs nur arbeitsteilig zu bewältigen, wie es auch in anderen um sich greifenden Großforschungseinrichtungen üblich wurde. Spätestens aber nach der Rückkehr war die Aufarbeitung des Materials einem Stab an spezialisierten Fachleuten zugewiesen. Oft waren Hunderte Wissenschaftler jahrzehntelang mit der Auswertung beschäftigt, bis Ergebnisse vorlagen. Auch Ludwig Salvator integrierte das Wissen seiner Gewährsleute, die er meist pauschal nannte. Er ließ sich auch gelegentlich bei fachlichen Bestimmungen von Gesteinen etwa von dem Petrologen und Universitätsprofessor Friedrich Becke oder von dem Triestiner Botaniker und Museumsdirektor Carlo Marchesetti und vielen anderen helfen. Aber die schriftliche Umsetzung als alleiniger Autor gab er nicht aus seiner Hand, im Unterschied beispielsweise zu dem schon zuvor genannten österreichischen Afrikareisenden Paulitschke, der die Bestimmungen durch Experten als eigene Fachbeiträge in seine Publikation einbrachte und sie als Autoren auswies (Paulitschke 1888).

Forschung, seit Wilhelm von Humboldt als niemals endender Prozess angesehen, verkörperte den kohärenten Hintergrund der Tätigkeiten der sich einen eigenen Habitus gebenden aufstrebenden Klasse von Akademikern und Universitätsprofessoren. Sie vermischte sich mit einem hohen Anspruch an disziplinär spezifizierter Methode, spezifizierter Analyse und akribischer Darstellung und war zugleich auf eine innere Beziehung aller Phänomene ausgerichtet. Was meine ich damit: Eigene Methoden wurden in der jeweiligen Disziplin entwickelt, wie eben auch zum Beispiel in der Epigrafik das Abklatschverfahren oder die Dünnschlifftechnik, die zur besseren paläontologischen Identifikation führte (Hubmann 2016). Es ist keine Frage, dass solche Methoden nur aus der Disziplin heraus beherrschbar waren und innerhalb dieser eben in einem jahrelangen Training erworben wurden. Für Ludwig Salvator sehe ich dieses spezifisch disziplinäre Methodenrepertoire nicht gegeben, den inneren Zusammenhang seiner Arbeiten auch nicht disziplinär spezifiziert, sondern zum einen im länderkundlichen Schema, zum anderen im Landschaftsbegriff manifest. Die Wahrnehmung von „Landschaft" als eines anschaulich oder bildhaft aufgefassten Welt- oder Naturausschnitts erlangte am Ende des 18. Jahrhunderts (Klemun 2012b) – und in noch erhöhtem Maße dann im 19. Jahrhundert – einen nie zuvor gekannten Stellenwert. Zugleich vollziehen sich in der Landschaftswahrnehmung (die nicht als gleichbedeutend mit Naturwahrnehmung zu verstehen ist) tiefgreifende Veränderungen, die bis in unsere Gegenwart prägend geblieben sind. Um den Landschaftsbegriff Ludwig Salvators einzuschätzen, habe ich ein zeitgenössisches Anleitungsbuch „Über Naturschilderung" (Ratzel 1906) herangezogen. Blättert man darin, so kann man – Ludwig Salvators Texte kennend – eine Analogie zu Ludwig Salvators Landschaftsbegriff herstellen. 1888 erstmals erschienen, war die unveränderte Neuauflage „Über Naturschilderung" (1906) für Bildungsvermittler wie Lehrer und Naturforscher gedacht. Diese Anleitung brachte etwas auf den Punkt, was diese Generation von Reisenden, Geografen und Naturforschern bereits umgesetzt hatte. Poeten wie Goethe, Humboldt und Stifter sowie die vielen neuen wissenschaftlichen Reisebeschreibungen gereichten zum Vorbild, eine Literatur, die der belesene Ludwig Salvator wohl auch kannte. Ratzel lehnte das Landschaftskonzept der Romantiker ab, ersetzte deren Idealisierung und Betonung des „Packenden" durch das „Allgemeingültige". Ratzel wie auch Ludwig Salvator ging es nicht um die Abgrenzung von der Kunst, sondern um den Profit durch sie. Während die künstlerische Wahrheit bei der Anschauung stecken bleibe, führe Wissenschaft über Abstraktion und Medialität durch Kunst zum Gegenstand zurück.

Aus den vielen Anregungen greife ich aus Ratzels Anleitung den Aspekt der „Bewegung" auf und analysiere anhand des ersten Heftes von Ludwig Salvators Monumentalwerk „Die Liparischen Inseln" (Salvator 1893) dessen Umsetzung. Nach einer allgemeinen Einleitung widmet Ludwig Salvator im ersten Band über die Insel „Vulcano" seine ganze Aufmerksamkeit der „Fossa", einer „Bergpersönlichkeit", wie es Ratzel forderte. Die Wechselwirkung von Bild und Beschreibung führe, so Ratzel, zum Effekt, dass eine Beschreibung wie ein Bild entfaltet wird. Nach der Aneinanderreihung von Landschaftsmotiven, der Einfügung der Tagesstimmung, dem „ins Auge Fallenden" kommt zunächst unterirdisch den Höhlen und überirdisch der Dimension einer Brücke die Funktion der Annäherung an den Vulkan zu. Blickperspektiven werden gewechselt, ehemalige Wege zum Schwefel- und Alaunabbau geschildert, bis das eigentliche Objekt tatsächlich im Mittelpunkt steht. Nun wird das Naturphänomen selbst als etwas Bewegtes dargestellt, indem Nachläufer der Eruption in den Blick geraten. Tiefe Schluchten und ein Panoramablick, zwei beliebte Sichtweisen der Landschaftswahrnehmung, runden die „bewegte Beschreibung" ab, die für interessierte Laien einen ästhetischen Genuss vermittelt, für Kenner mit der guten Erfassung der Bänderung des Tuffgesteins

Grundlagen anbietet. Nicht die fotografische Wiedergabe, das Abbild, sondern das Allgemeingültige ist das Ziel, um „Charakterbilder" entstehen zu lassen. Auch im Hinblick auf Flora oder Menschen hatte sich Ludwig Salvator bemüht, Charakterbilder zu entwerfen, die der Physiognomie verpflichtet waren. Im Werk „Die Balearen. Geschildert in Wort und Bild" sticht im Inhaltsverzeichnis die Verbindung von „Körperbau und Charakterveranlagung" (Salvator 1897) heraus. Sie entspricht ebenfalls dieser Wirkkraft der Physiognomie als Grundlage des Sehens und Erklärens von Zusammenhängen.

4. Ausblick

Ludwig Salvators exzessiver Einsatz von Listen und Tabellen in all seinen dokumentarischen Arbeiten und Monumentalwerken zeigt jedoch auch eine andere Ausrichtung. Listen und Tabellen hatten sich seit dem 18. Jahrhundert in den Wissenschaften als beliebteste Aufschreibeform durchgesetzt, mit dem Preis, dass keine Denotationsleistung zur Außenwelt geboten wurde (Delbourgo und Müller-Wille 2012), sondern eine Art Flotieren von Einzelelementen in Referenz auf das Format, die ihrerseits allerdings auf vielen anderen Ebenen sodann in weiterer Folge noch Sinn stiften konnten und sollten. Dies geschieht heute mit dem Werk Ludwig Salvators, das als „Fundgrube" wiederentdeckt, neu gelesen und in neue Wissensordnungen wie etwa eine interdisziplinäre Ökologie eingeholt wird; die von der Kommission für Interdisziplinäre Ökologische Studien organisierte Tagung ist Beweis dafür. Meine Aufgabe war es in diesem Beitrag jedoch, Ludwig Salvators im 19. Jahrhundert durchaus öffentlich beachtete Arbeit innerhalb der fachlich-disziplinären Bezüge seiner Zeit einzuordnen und als Wissenschaftshistorikerin nicht das in ihm sehen zu wollen, was wir erst heute wissen und wissen wollen.

5. Literatur

Wenn der Autor mit einer eckigen Klammer versehen ist, dann bedeutet dies, dass das Werk anonym erschienen ist und die Autorschaft sich sekundär erschließt.

Albrecht, H. und R. Ladwig, Hgs. 2003. „Abraham Gottlob Werner and the Foundation of Geological Sciences." Freiberg: Verlag der Technischen Universität Freiberg.

Becker, P. und W. Clark, Hgs. 2001. „Little Tools of Knowledge. Historical Essays on Academic and Bureaucratic Practices." Ann Arbor: University of Michigan Press.

Behnen, M. 1987. „Statistik, Politik und Staatengeschichte von Spittler bis Heeren." In *Geschichtswissenschaft in Göttingen*, herausgegeben von H. Boockmann und H. Wellenreuther, 76–101. Göttingen: Vandenhoeck & Ruprecht.

Benna, A. H. 1967. „Der Kronprinzenunterricht Josefs II. in der inneren Verfassung der Erbländer und die Wiener Zentralstellen." *Mitteilungen des Österreichischen Staatsarchivs* 20: 115–179.

Bödeker, H. E., Bauerkämper, A. und B. Struck. 2004. „Einleitung: Reisen als kulturelle Praxis." In *Die Welt erfahren. Reisen als kulturelle Begegnung von 1780 bis heute*, herausgegeben von A. Bauerkämper, H.E. Bödeker und B. Struck, 9–30. Frankfurt, New York: Campus.

Brenner, P. J. 1989. „Die Erfahrung der Fremde. Zur Entwicklung einer Wahrnehmungsform in der Geschichte der Reiseberichts." In *Der Reisebericht*, herausgegeben von P. J. Brenner, 7–49. Frankfurt am Main: Suhrkamp.

Brückler, T. 2009. „Thronfolger Franz Ferdinand als Denkmalpfleger. Die „Kunstakten" der Militärkanzlei im Österreichischen Staatsarchiv (Kriegsarchiv)." Wien, Köln, Weimar: Böhlau Verlag.

Daston, L. 2001. „Objektivität und die kosmische Gemeinschaft." In *Kulturtheorien der Gegenwart: Ansätze und Positionen,* herausgegeben von G. Schröder und H. Breuninger, 149–177. Frankfurt am Main: Campus.

Daston, L. und E. Lunbeck. 2011. „Introduction: Observation Observed." In *Histories of Scientific Observation*, herausgegeben von L. Daston und E. Lunbeck, 1–13. Chicago: The University of Chicago Press.

Delbourgo, J. und St. Müller-Wille. 2012. „Introduction to 'Listmania' Focus Section." *Isis* 103 (4): 710–715.

Despoix, P. 2009. „Die Welt vermessen. Dispositive und Entdeckungsreise im Zeitalter der Aufklärung." Göttingen: Wallstein.

Diemer, A., Hg. 1978. „Konzeption und Begriff der Forschung in den Wissenschaften des 19. Jahrhunderts. Referate und Diskussionen des 10. Wissenschaftstheoretischen Kolloquiums 1975." Meisenheim/Glan: Hain.

Fisch, St. 1989. „Forschungsreisen im 19. Jahrhundert." In *Der Reisebericht*, herausgegeben von P.J. Brenner, 383–405. Frankfurt am Main: Suhrkamp.

Fleck, L. 1999. „Entstehung und Entwicklung einer wissenschaftlichen Tatsache. Einführung in die Lehre vom Denkstil und Denkkollektiv." Basel: Schwabe, 1. Aufl. 1935. Frankfurt am Main: Suhrkamp, 2. Aufl. 1999.

Hipfinger A., Löffler J., Niederkorn J. P., Scheutz, M., Winkelbauer, T. und J. Wührer, Hgs. 2012. „Ordnung durch Tinte und Feder? Genese und Wirkung von Instruktionen im zeitlichen Längsschnitt vom Mittelalter bis zum 19. Jahrhundert." *Veröffentlichungen des Instituts für Österreichische Geschichtsforschung* 60. Oldenburg: Böhlau.

Hubmann, B. 2016. „Im Steinschleifen bin ich schon ein wackerer Geselle geworden: Zu Franz Ungers erdwissenschaftlichen Pionierleistungen in der Stratigraphie und seiner phytopaläontologischen Dünnschliff-Untersuchung". In *Einheit und Vielfalt. Franz Ungers Konzepte der Naturforschung im internationalen Kontext*, herausgegeben von M. Klemun, 203–213. Göttingen: Vandenhoeck & Ruprecht.

Kaltbrunner, D. 1883. „Der Beobachter. Allgemeine Anleitung zu Beobachtungen über Land und Leute für Touristen für Exkursionisten und Forschungsreisende." Zürich: J. Wurster.

K. K. Zool.-Bot. Ges. Wien. 1865. „Mitteilung von Erzherzog Ludwig Salvator, dat. 18. Dez. 1865." *Verhandlungen der Kaiserlich-Königlichen Zoologisch-Botanischen Gesellschaft in Wien* XV.

Klemun, M. 2012a. „Verwaltete Wissenschaft – Instruktionen und Forschungsreisen". In *Ordnung durch Tinte und Feder? Genese und Wirkung von Instruktionen im zeitlichen Längsschnitt vom Mittelalter bis zum 19. Jahrhundert,* herausgegeben von A. Hipfinger, J. Löffler, J. P. Niederkorn, M. Scheutz, T. Winkelbauer und J. Wührer. *Veröffentlichungen des Instituts für Österreichische Geschichtsforschung* 60: 391–414.

Klemun, M. 2012b. „Landschaftswahrnehmung, 'Naturgemälde' und Erdwissenschaften." In *Landschaft um 1800. Aspekte der Wahrnehmung in Kunst, Literatur, Musik und Naturwissenschaft,* herausgegeben von T. Noll, U. Stobbe und C. Scholl, 60–82. Göttingen: Wallenstein.

Klemun, M. 2015. „Geognosie versus Geologie: Nationale Denkstile und kulturelle Praktiken bezüglich Raum und Zeit im Widerstreit." *Berichte zur Wissenschaftsgeschichte. Organ der Gesellschaft für Wissenschaftsgeschichte* 38 (3): 227–242.

Klingenstein, G. 2004. „Professor Sonnenfels darf nicht reisen. Beobachtungen zu den Anfängen der Wirtschafts-, Sozial- und Politikwissenschaften in Österreich". In *Soziokultureller Wandel im Verfassungsstaat. Phänomene politischer Transformation,* herausgegeben von H. Kopetz, J. Marko und K. Poier, 829–842. Wien, Köln, Weimar: Böhlau Verlag.

Kohler, R.R. 2002. „Landscapes and Labscapes: Exploring the Lab-Field Border in Biology." Chicago: University of Chicago Press.

Krauss, F.S. und L. Scherman. 1899. „Allgemeine Methodik der Volkskunde." Erlangen: F. Jung.

Kuklick, H. und H. R. Kohler. 1996. „Sciences in the Field: Introduction." *Osiris* 11: 1–14.

Latour, B. 1990. „Drawing Things Together." In *Representation as Scientific Practice,* herausgegeben von M. Lynch und S. Woolgar, 19–68. Cambridge, MA: MIT Press.

Lichtenberger, E. 2009. „Die Entwicklung der Geographie als Wissenschaft im Spiegel der Institutionspolitik und Biographieforschung. Vom Großstaat der k. und k. Monarchie zum Kleinstaat der Zweiten Republik." In *Mensch Raum Umwelt. Entwicklungen und Perspektiven der Geographie in Österreich,* herausgegeben von R. Musil und C. Staudacher, 13–52. Wien: Österreichische Geographische Gesellschaft.

Mader, B. 2002. „Erzherzog Ludwig Salvator (1847–1915). Ein Leben für die Wissenschaft." Wien: Katalog, herausgegeben vom Österreichischen Staatsarchiv.

Mauerer, E. 2012. „Bevölkerungspolitik in den deutschen (juristischen) Staatswissenschaften (ca. 1850–1914)." In *Bevölkerung in Wissenschaft und Politik des 19. und 20. Jahrhunderts,* herausgegeben von S. Kesper-Biermann, E. Mauerer und D. Klippel, 48–103. München: Dreesbach.

Morgen Post, 12. Juli 1881, herausgegeben von H. Bresnik, 3. Wien.

ÖAW, 1916. „Bericht des Generalsekretärs". *Almanach der kaiserlichen Akademie der Wissenschaften* 68: 317–319.

Paulitschke, P. 1888. „Harar. Forschungsreise nach den Somål- und Galla-Ländern Ost-Afrikas." Leipzig: Brockhaus.

Poller, S. 2015. „Auf den Hund gekommen – Die Mensch-Hund-Beziehung im Wien des 19. Jahrhunderts und ihre polarisierenden Diskurse." Ungedruckte Diplomarbeit: Universität Wien.

Pratt, M.L. 1992. „Imperial Eyes. Travel Writing and Transculturation." London: Routledge.

Raffler, M. 2007. „Museum. Spiegel der Nation? Zugänge zur Historischen Museologie am Beispiel der Genese von Landes- und Nationalmuseen in der Habsburgermonarchie." Wien, Köln, Weimar: Böhlau Verlag.

Ratzel, F. 1906. „Über Naturschilderung." München, Berlin: Oldenbourg.

[Salvator, L.] 1868a. „Exkursions Artistiques dans la Venetie et el Litoral." Prag: Heinrich Mercy & Sohn.

[Salvator, L.] 1868b. „Süden und Norden. Zwei Bilder." Prag: Heinrich Mercy & Sohn.

[Salvator, L.] 1869. „Tabulae Ludovicianae." Prag: Selbstverlag.

[Salvator, L.] 1869–1891. „Die Balearen in Wort und Bild geschildert." 7 Bde. Leipzig: Brockhaus.

[Salvator, L.] 1871. „Der Golf von Bucchari – Porte Ré. Bilder und Skizzen." Prag: Heinrich Mercy & Sohn.

[Salvator, L.] 1873. „Levkosia, die Hauptstadt von Cypern." Prag: Heinrich Mercy & Sohn.

[Salvator, L.] 1874. „Yacht-Reise in den Syrten. 1873." Prag: Heinrich Mercy & Sohn.

[Salvator, L.] 1876. „Eine Spazierfahrt am Golfe von Korinth." Prag: Heinrich Mercy & Sohn.

[Salvator, L.] 1878. „Eine Blume aus dem Goldenen Lande oder Los Angeles." Prag: Heinrich Mercy & Sohn.

[Salvator, L.] 1879. „Eine Karawanenstrasse von Ägypten nach Syrien." Prag: Heinrich Mercy & Sohn.

[Salvator, L.] 1881. „Um die Welt ohne zu wollen." Prag: Heinrich Mercy & Sohn.

[Salvator, L.] 1886a. „Hobarttown oder Sommerfrische in den Antipoden." Prag: Heinrich Mercy & Sohn.

[Salvator, L.] 1886b. „Lose Blätter aus Abazia." Prag: Heinrich Mercy & Sohn.

Salvator, L. 1890. „Helgoland. Eine Reise-Skizze. Nebst Kurzem Anhang: Verkehr, Aufenthalt und hygienische Winke über Kuren auf Helgoland und in den Nordseebädern." Leipzig: Woerl's Reisebuchhandlung.

[Salvator, L.] 1890–1891. „Die Insel Menorca". Leipzig: Brockhaus.

[Salvator, L.] 1893. „Die Liparischen Inseln." Prag: Heinrich Mercy & Sohn.

[Salvator, L.] 1895. „Columbretes." Prag: Heinrich Mercy & Sohn.

[Salvator, L.] 1897. „Die Balearen. Geschildert in Wort und Bild." 2 Bde. Würzburg, Leipzig: Hofbuchhandlung Leo Woerl.

[Salvator, L.] 1904. „Zante." Prag: Heinrich Mercy & Sohn.

[Salvator, L.] 1905. „Das was verschwindet. Trachten aus den Bergen und Inseln der Adria." Leipzig: Brockhaus.

Schneider, B. 1994. „Land und Leute. Landesbeschreibung und Statistik von Innerösterreich zur Zeit Erzherzog Johanns." *Grazer Beiträge zur europäischen Ethnologie* 3.

Schwendinger, H. 1990. „Erzherzog Ludwig Salvator. Ein Wissenschaftler aus dem Kaiserhause." 2 Bde. Ungedruckte Dissertation: Universität Wien.

Sloterdijk, P. 2005. „Im Weltinnenraum des Kapitals. Für eine philosophische Theorie der Globalisierung." Frankfurt am Main: Suhrkamp.

Stagl, J. 1995. „A History of Curiosity. The Theory of Travel, 1550–1800." London: Routledge, 1. Aufl. 1995, Nachdruck 2004.

Stichweh, R. 1984. „Zur Entstehung des modernen Systems wissenschaftlicher Disziplinen." Frankfurt am Main: Suhrkamp.

Suess, E. 1916. „Erinnerungen." Leipzig: Hirzel.

te Heesen, A. und E. C. Spary, Hgs. 2009. „Sammeln als Wissen. Das Sammeln und seine wissenschaftsgeschichtliche Bedeutung." Göttingen: Wallstein.

Woerl, L. 1899. *Erzherzog Ludwig Salvator aus dem Österreichischen Kaiserhause als Forscher des Mittelmeers.* Leipzig: Woerls's Reisebücherverlag.

Zimmermann, C. 2003. „Vorwort." In *Wissenschaftliches Reisen – reisende Wissenschaftler. Studien zur Professionalisierung der Reiseformen zwischen 1650 und 1800,* herausgegeben von C. Zimmermann, 7–28. *Cardanus. Jahrbuch für Wissenschaftsgeschichte* 3. Heidelberg: Palatina-Verlag.

Adresse der Autorin:

ao. Univ.-Prof. Dr. Marianne Klemun
Institut für Geschichte der Universität Wien
Universitätsring 1, A-1010 Wien

Erzherzog Ludwig Salvator und seine Bedeutung für die österreichische Meeresforschung

Reinhard Kikinger

Erzherzog Ludwig Salvator bereiste jahrzehntelang mit seinen Schiffen „Nixe I" und „Nixe II" den Mittelmeerraum. Als exakter Beobachter, begeisterter Feldforscher und genauer Chronist hinterließ er in seinen zahlreichen Büchern eine gewaltige Datenfülle, die auch meereskundliche Aspekte umfasst. Dieser Beitrag zur österreichischen Meeresforschung ist jedoch weithin unbekannt. Mögliche Erklärungen dafür werden in der vorliegenden Arbeit diskutiert. Zur besseren Einordnung des gelehrten Erzherzogs in die wissenschaftliche Welt seiner Zeit werden die wichtigsten Epochen der Meeresforschung vorgestellt.

1. Einleitung

Zwei Zitate Ludwig Salvators

> Ein unaussprechlicher Zauber weht einem aus dem Meere entgegen, man möchte sich in die Wogen stürzen, um in ihrem wonnigen Schoose den unergründlichen Reiz zu fassen.
> (Salvator 1897, „Die Balearen. Geschildert in Wort und Bild". Bd.1, S. 8)

> Weiter verdienen erwähnt zu werden: Pisa corallina, Mithrax dichotomus, die haarigen Pilumnus hirtellus und P. villosus, Dromia vulgaris und die in wahrhaft erstaunender Menge vorkommenden Einsiedlerkrebse Pagurus angulatus und P. timidus. Am Strande hüpft überall zwischen Tangen Orchestia littorea und O. montagui umher.
> (Salvator 1897, „Die Balearen. Geschildert in Wort und Bild". Bd.1, S. 121)

Diese beiden Zitate zeigen die Spannweite Ludwig Salvators bei seiner Beschreibung des von ihm so geliebten Meeres. Die schwärmerische Poesie eines Romantikers einerseits, die präzise Beobachtung der Crustaceen des Felslitorals mit den Augen eines Naturforschers andererseits. Um seinen Zugang zur Meeresforschung besser zu verstehen, mag es hilfreich sein, die wichtigsten Epochen der Meeresforschung anzuführen und den Erzherzog diesbezüglich einzuordnen.

2. Epochen der Meeresforschung

Um den Rahmen nicht zu sprengen, beschränkt sich dieser Abschnitt nur auf für Österreich relevante Unternehmungen.

2.1. Die Epoche der Expeditionen

Ludwig Salvators Studienzeit in Prag fiel in das Ende einer Ära der Meeresforschung, die von Expeditionen geprägt war. Auch das Habsburgerreich entsandte Forschungsschiffe in die Weltmeere. Das bekannteste Unternehmen dieser Art ist wohl die Weltumsegelung der Fregatte SMS „Novara" in den Jahren 1857 bis 1859. Ihre Führung wurde Commodore Bernhard von Wüllerstorf-Urbair anvertraut. Mitreisende Naturforscher wie der Geologe Dr. Ferdinand Hochstetter, der Zoologe Georg Frauenfeld, der Völkerkundler Dr. Karl Scherzer und der wissenschaftliche Maler Joseph Selleny konnten zahlreiche Exponate sammeln, wissenschaftliche Erkenntnisse gewinnen und wertvolle Zeichnungen und Aquarelle anfertigen. Der junge Erzherzog las den „Novara"-Expeditionsbericht mit großem Interesse.

Abb. 1: Die SMS „Novara" umsegelte unter dem Kommando von Wüllerstorf-Urbair in den Jahren 1857–1859 die Welt. Foto: Weishaupt-Verlag.

In das Arktische Meer führte die Österreichisch-Ungarische Nordpolexpedition 1872 bis 1874 mit dem Dreimastschoner „Admiral Tegetthoff", geleitet von Julius Payer und Carl Weyprecht. Das östliche Mittelmeer und das Rote Meer waren die Ziele der SMS „Pola". Sie unternahm im Rahmen der Österreichisch-Ungarischen Tiefsee-Expeditionen zwischen 1890–1898 eine Reihe von bedeutenden Forschungsfahrten

Abb. 2: Die Österr.-Ungar. Tiefsee-Expeditionen 1890–1898 mit der SMS „Pola" führten zu neuen ozeanografischen Erkenntnissen und erbrachten umfangreiche Sammlungen mariner Organismen. Foto: Weishaupt-Verlag.

zur systematischen ozeanographischen Erforschung dieser Meeresregionen. Auch die österreichische Kriegsmarine trug zur Meeresforschung bei. Diplomatische und wirtschaftliche Interessen standen zwar im Vordergrund, aber während der weltweiten Fahrten wurden durch die Schiffsärzte auch botanische und zoologische Sammlungen angelegt. Mit dem Ersten Weltkrieg fanden diese Unternehmungen ein jähes Ende.

2.2. Die Epoche der Meeresstationen

Die Theorie von Charles Darwin zur Evolution der Arten wurde 1859 unter dem Titel „On the origin of species by means of natural selection, or the preservation of favoured races in the struggle for life" publiziert. Damit wurde die Herkunft der Organismen neu interpretiert, und das Interesse an phylogenetischen Fragen wuchs dadurch enorm. Lebende Organismen zur Erforschung ihrer Abstammungs- und Verwandtschaftsverhältnisse durch die Untersuchung ihrer Entwicklungsbiologie, Morphologie, Anatomie und Physiologie waren am besten an Meeresküsten zu bekommen. Daher wurden dort Meeresstationen errichtet. Die traditionsreichste Station Europas wurde 1872 vom Bremer Zoologen Anton Dohrn bei Neapel gegründet und 1875 formal eröffnet: die „Zoologische Station Neapel", heute „Stazione Zoologica Anton Dohrn di Napoli". Die Zoologen Carl Claus (Wien) und Franz Eilhard Schulze (Graz) gründeten 1875 die „k. k. Zoologische Station Triest". Diese Station deckte bis zu ihrem Ende 1918 den Material- und Arbeitsplatzbedarf für zahlreiche meeresbiologische Untersuchungen. Schwerpunkte waren die Artenerfassung in der Nordadria und Forschungen zu Fragen der Entwicklungsgeschichte mariner Organismen. Als drittes Beispiel sei die „Meeresbiologische Station Rovinj" in Istrien erwähnt. Sie wurde 1891 durch die Direktion des Berliner Aquariums gegründet und diente zu Beginn hauptsächlich der Beschaffung von Meerestieren für das Berliner Aquarium. Zusätzlich wurden Forschungsaufgaben übernommen, und bis heu-

Abb. 3: Die Meeresbiologische Station Neapel wurde 1872 von Anton Felix Dohrn gegründet und 1875 offiziell eröffnet. Foto: Stich der Stazione Zoologica Anton Dohrn di Napoli.

Abb. 4: Die k. k. Zoologische Station Triest eröffnete 1875. Foto: Weishaupt-Verlag.

te dient die Station mehreren Universitäten Mitteleuropas zur Durchführung meeresbiologischer Kurse. Zahlreiche weitere Meeresstationen entstanden an den Küsten des Mittelmeeres. Einige Stationen wurden Opfer der Expansion der ehemals kleinen Hafenstädte, in denen sie wegen der Versorgung mit Untersuchungsmaterial durch die lokalen Fischer angelegt wurden. Der steigende Bootsverkehr und die sinkende Umweltqualität vor der Haustüre machten die Errichtung kleiner Außenstellen in ungestörten Biotopen notwendig. Dazu kamen neue Fragestellungen, welche die Ökologie der marinen Küsten-Lebensräume zum Schwerpunkt hatten. Dafür genügte nicht mehr die Probennahme mit Greifern, Netzen und Dredgen, sondern der Forscher selbst musste den submarinen Lebensraum aufsuchen. Damit begann die Ära der Unterwasserforschung.

2.3. Die Epoche der Unterwasserforschung

Der Wunsch Ludwig Salvators, „[...] man möchte sich in die Wogen stürzen, um in ihrem wonnigen Schoose den unergründlichen Reiz zu fassen", war zu seiner Zeit tauchtechnisch schwer zu verwirklichen. Es gab aber einen Zeitgenossen des Erzherzogs, der sich diesen Wunsch erfüllte. Eugen Freiherr von Ransonnet-Villez wurde 1838 in Wien geboren und bereiste im Dienste des k. u. k. Ministeriums für Äußeres die Welt. Der vielseitige Diplomat, Maler und Forschungsreisende ließ nach eigenen Angaben eine Taucherglocke bauen. Damit konnte er in Ceylon und Dalmatien, im Roten Meer und im Attersee tauchen und die Unterwasser-Landschaft in Zeichnungen und Gemälden festhalten.

Abb. 5: Eugen Freiherr von Ransonnet-Villez war Diplomat im k. k. Ministerium für Äußeres. Foto: Archiv des Grafen Heinrich Marenzi, Wien und Feldkirchen.

PL VII

UNTERSEEISCHE FELSEN MIT GRÜNEN KORALLEN. | SUBMARINE ROCKS WITH GREEN CORALS.
ROCHERS SOUSMARINS AVEC DES CORAUX VERTS

Abb. 6: Gemälde eines tropischen Korallenriffs. Foto: Eine von vier kolorierten Unterwasser-Lithographien von E. v. Ransonnet-Villez, gedruckt von Gerold, 1867.

Abb. 7: Taucherglocke von E. Ransonnet-Villez. Foto: Rekonstruktion der Tauchglocke im NHM Wien.

Professionelle Helmtaucher wurden zwar schon im 19. Jahrhundert für biologische Probennahmen eingesetzt, aber erst 1943 brachte die Entwicklung der Aqua-Lunge durch Jacques Cousteau und Émile Gagnan neue Möglichkeiten in die Unterwasserforschung. Diese oberflächen-unabhängigen Atemgeräte (SCUBA: self contained underwater breathing apparatus) ermöglichten freie Bewegung und längere Aufenthalte unter Wasser. Hans Hass zählte zu den Tauchpionieren und machte durch seine Filme und Bücher die Unterwasserwelt einer breiten Öffentlichkeit bekannt. Unmittelbar nach dem Ende des Zweiten Weltkriegs organisierte Rupert Riedl die „Unterwasserexpedition Austria" (1948–1949) und die „Tyrrhenia Expedition" (1952). Durch den Einsatz der neuen Tauchtechnik wurden Lebensräume wie die Meereshöhlen der wissenschaftlichen Erforschung zugänglich gemacht. Heute sind Tauchgeräte ein Standardwerkzeug der Meeresforschung. Dazu kommen verfeinerte Mess- und Analysemethoden und technische Hilfsmittel, die von Unterwasser ROVs (remotely operated vehicles) bis zur Datenerfassung durch Satelliten reichen. Dementsprechend verschieden sind die gegenwärtigen Schwerpunkte der österreichischen Meeresforschung, die unter anderem Bakterien-Evertebraten-Symbiosen in Küstengewässern (Jörg Ott), benthische Ökologie, Meeresschildkröten (Michael Stachowitsch), hydrothermale Quellen und molekulare Ökologie von Bakterien-Symbionten (Monika Bright) sowie mikrobielle Ökologie der Tiefsee (Gerhard Herndl) umfassen.

Abb. 8: Dr. Hans Hass mit einem Kreislaufgerät, 1949. Er war ein Pionier des Tauchsports und errang mit seinen Filmen und Büchern große Popularität. Foto: Hans-Hass-Institut.

Abb. 9: Univ.-Prof. Dr. Rupert Riedl erhielt die erste Meeresbiologie-Professur an der Universität Wien. Die Erforschung der Meereshöhlen, des marinen Sandlückensystems und die Herausgabe der „Fauna und Flora des Mittelmeeres" sind einige seiner großen Verdienste um die meeresbiologische Forschung in Österreich. Foto: Verlag Paul Parey.

2.4. Erzherzog Ludwig Salvator im Kontext der österreichischen Meeresforschung

Ludwig Salvator lebte den Traum eines unabhängigen Forschers. Im Gegensatz zu den Publikationszwängen und finanziellen Engpässen des institutionalisierten Wissenschaftlers war er frei von materiellen und zeitlichen Zwängen, hatte sein eigenes Forschungsschiff, reiste, wohin er wollte, setzte selbst seine Forschungsschwerpunkte und hatte keinerlei Verwertungsdruck für seine Arbeit. Die Feldforschung war seine Methode. Seine Bücher brachten diesem klassischen Privatgelehrten höchstes Ansehen in akademischen Fachkreisen, er wurde vielfach ausgezeichnet, und er war Mitglied in zahlreichen wissenschaftlichen Vereinigungen. Trotzdem scheint er in der Geschichtsschreibung der österreichischen Meeresforschung nicht auf. Das mag mehrere Gründe haben.

Er publizierte seine Arbeiten, bis auf wenige Ausnahmen, nicht in Fachjournalen, sondern in meist prächtigen Büchern, die nur in geringer Auflage gedruckt wurden und nicht für den Handel bestimmt waren, sondern an ausgewählte Personen und wissenschaftliche Institutionen verschenkt wurden. Meeresbiologische Inhalte waren in die interdisziplinären Beschreibungen eingebettet, die von ethnologischen bis zu geologischen Beobachtungen reichten. Durch die geringen Auflagen, durch die selektive Verteilung und durch den gewaltigen Umfang vieler Werke, die noch dazu meistens anonym publiziert wurden, mag es begründet sein, dass der Beitrag Ludwig Salvators zur österreichischen Meeresforschung bis jetzt nicht wahrgenommen wurde. Seine Bedeutung könnte aber in der Zukunft liegen, denn in seinen Werken schlummert ein ungehobener Schatz an Daten.

Seine detaillierten Aufzeichnungen über die Fänge der Küstenfischerei könnten durch Vergleich mit der gegenwärtigen Situation Aufschluss über Populationsentwicklung, Artenzusammensetzung, verschwundene und möglicherweise zugewanderte Fischarten geben. Dasselbe gilt für die Korallenfischerei, die er ebenfalls beschrieb. Er war auch ein vorausblickender Naturschützer, der die negativen Auswirkungen der Dynamitfischerei anprangerte und Menschen dazu motivierte, die Schönheit der Natur in ihrer Vielfalt zu erkennen. Die Meeresschulen, die in den letzten Jahrzehnten an Küsten und auf Inseln des Mittelmeeres entstanden sind, arbeiten erfolgreich in diesem Sinne.

Und schließlich brachte Ludwig Salvator mit vielen seiner Beschreibungen Poesie in die Meereswissenschaften. So wie die Schönheit fraktaler Geometrie die Mathematik visualisiert oder wie die fantastischen Aufnahmen des Hubble-Weltraum-Teleskops kosmologische Prozesse ästhetisch darstellen, so

Abb. 10: „Nixe I". Sie war Wohnstatt, soziales Zentrum, Transportmittel und Forschungsstation für den gelehrten Erzherzog. Foto: Ludwig-Salvator-Gesellschaft.

Abb. 11: Erzherzog Ludwig Salvator. Foto: Ludwig-Salvator-Gesellschaft.

können Meeresbeschreibungen Ludwig Salvators eine poetische Note in die zunehmend technisch-analytischen Meereswissenschaften bringen. Das hilft den gefährdeten Meeren nicht, aber es regt vielleicht zum verantwortungsvollen Umgang mit ihnen an.

3. Literatur

Bright, M., P. C. Dworschak und M. Stachowitsch, eds. 2002. „The Vienna School of Marine Biology. A Tribute to Jörg Ott". Wien: Facultas.

Darwin, C. R. 1859. „On the origin of species by means of natural selection, or the preservation of favoured races in the struggle for life". London: John Murray, 1st edition.

Hass, H. 1996. „Aus der Pionierzeit des Tauchens". Hamburg: Jahr Verlag.

Ott, J. 1996. „Meereskunde". Stuttgart: Eugen Ulmer, 2. Aufl.

Payer, J. 1876. „Die österreichisch-ungarische Nordpol-Expedition in den Jahren 1872-1874, nebst einer Skizze der zweiten deutschen Nordpol-Expedition 1869-1870 und der Polar-Expedition von 1871". Wien: Alfred Hölder, k. k. Hof- und Universitäts-Buchhändler.

Riedl, R. 1966. „Biologie der Meereshöhlen. Topographie, Faunistik und Ökologie eines unterseeischen Lebensraumes. Eine Monographie". Hamburg und Berlin: Paul Parey.

Riedl, R., Hg. 1983. „Fauna und Flora des Mittelmeeres". Hamburg und Berlin: Paul Parey. Unveränderte Neuauflage 2011, Wien: Seifert.

Stachowitsch M., Riedel B., Zuschin M. 2012. „The return of shallow shelf seas as extreme environments: Anoxia and Macrofauna Reactions in the Northern Adriatic Sea". In *Evidence for Eukaryote Survival and Paleontological Strategies; Cellular Origins, Life in Extreme Habitats and Astrobiology*, edited by A. Altenbach, J. Bernhard and J. Seckbach. *Anoxia* 21: 353–368. Netherlands: Springer.

http://www.ludwig-salvator.com [6.7.2017]

Adresse des Autors:
Dr. Reinhard Kikinger
Senftenbergeramt 13, A-3541 Senftenberg

Flora der Ionischen Inseln (Griechenland) zur Zeit Ludwig Salvators und heute

Christian Gilli

Die Ionischen Inseln vor der Westküste Griechenlands wurden aufgrund ihres floristischen Reichtums schon früh von Botanikern besucht und erforscht. Auch Erzherzog Ludwig Salvator (1847–1915) verbrachte viele Monate auf dem Archipel, um Land und Leute zu studieren. Seine Aufenthalte führten zur Veröffentlichung von fünf Inselmonographien über die Inseln Paxos (und Antipaxos), Lefkada, Ithaka und Zakynthos. Die floristische Erforschung der Region hat ihren Ursprung im frühen 19. Jahrhundert, zur Zeit Ludwig Salvators waren bereits zahlreiche botanische Arbeiten mit Bezug zu den Ionischen Inseln publiziert. Im letzten Jahrhundert erbrachte die gezielte botanische Forschung auf den Inseln einen enormen Wissenszuwachs. Durch die Arbeiten des Flora-Ionica-Projekts ist dieses Wissen seit Kurzem auf einer dynamischen Webseite (https://floraionica.univie.ac.at/) der breiten Öffentlichkeit zugänglich. Auf dieser finden sich Informationen zu jeder der rund 1900 derzeit bekannten Farn- und Blütenpflanzen der Ionischen Flora.

---

1. Die Ionischen Inseln

Die Ionischen Inseln sind eine Inselgruppe vor der Westküste Albaniens und Griechenlands. Die Hauptinseln sind, von Nord nach Süd, Korfu, Paxos, Lefkada, Kefalonia, Ithaka und Zakynthos (Abb. 1). Weiters zählen noch mehrere Dutzend kleiner, teils bewohnter Inseln und Inselgruppen zu dem Archipel. Die Lage der Ionischen Inseln ist aus biogeografischer Sicht interessant, weil sie sich im Übergangsbereich der zentral- und ostmediterranen Florenregionen befinden. Entlang der Nord-Süd-Erstreckung (über drei Breitengrade) ist ein Florenwandel vom „grünen", fast noch submediterran geprägten Korfu bis zum deutlich trockeneren, zur Gänze in der (eu)mediterranen Florenzone gelegenen Zakynthos zu beobachten. Überlagert wird dieser „Kreuzweg der Blumen" durch eine beachtliche Höhenamplitude mit einer Vegetationsabfolge von der thermo- und mesomediterranen Stufe (geprägt durch wilden Ölbaum und immergrüne Eichen) über die supramediterrane (mit sommergrünen Laubgehölzen) bis zur oromediterranen Stufe (mit Tannenwald). Die unterschiedlichen geografischen und klimatischen, geologisch-edaphischen und naturgeschichtlichen Einflüsse führen zu einer Vielfalt von Vegetationstypen, von den Sand- und Felsküsten über Phrygana (therophyten- und geophytenreiche Strauchgesellschaften) und immergrüne Gehölzformationen bis zur mesisch geprägten Gebirgsvegetation mit alpin anmutenden Chasmophyten. Die aktuelle Vegetation der Inseln ist stark durch menschlichen Einfluss geprägt, der bereits im Altertum einsetzte. Oft bis hoch hinauf reichendes und heute teilweise wieder aufgelassenes terrassiertes Kulturland und ausgedehnte Ölbaumhaine bestimmen das Landschaftsbild. Die unterschiedlichen Degradationsstadien des mediterranen Hartlaubwaldes sind als teils nur mehr fragmentiert vorhandene Macchie bis hin zu einer durch intensive Beweidung geprägten Garigue ausgebildet. Die beschriebenen Standortfaktoren führen gemeinsam mit der menschlichen Nutzung zu einer großen Artenvielfalt. Auf einer Gesamtfläche von circa 2200 km² sind über 1900 Arten und Unterarten von Farn- und Blütenpflanzen zu finden (rund ein Drittel der griechischen Flora), die pflanzliche Biodiversität ist somit ähnlich hoch wie jene der Insel Kreta. Allerdings ist Letztere aufgrund ihrer isolierten, seit Langem vom Festland getrennten Lage um ein Vielfaches reicher an Endemiten. Einige der rund zwei Dutzend endemischen Arten der Ionischen Inseln wurden erst in den letzten Jahren bekannt und sind zum Teil noch unbeschrieben.

Abb. 1: Links: Karte der Ionischen Inseln, Namen jener Inseln, die Ludwig Salvator in seinen Werken abhandelt, sind rot geschrieben. Rechts: Blick vom Doretes (Halbinsel Skopos/Zakynthos) auf die Bucht von Laganas. Rechts oben: Illustration von Ludwig Salvator in seinem Werk Zante (Salvator 1904b, S. 134). Rechts unten: Foto aufgenommen 2015. Foto: C. Gilli.

2. Ludwig Salvator und die Ionischen Inseln

Die landschaftlichen Reize und die kulturelle Vielfalt der Ionischen Inseln zogen auch Erzherzog Ludwig Salvator von Österreich in ihren Bann. Er verweilte an der Wende des 19. zum 20. Jahrhundert über Jahre hinweg immer wieder auf den Inseln. Seine Yachten „Nixe I" und „Nixe II" dienten ihm dabei als Transportmittel und Wohnstätte, aber auch als Arbeitsplatz. Bereits 1870, in seinem letzten Prager Studienjahr, bereiste er Teile Griechenlands und besuchte dabei auch einige der damals touristisch noch unerschlossenen Inseln. In den folgenden Jahrzehnten führten ihn seine Schiffsreisen immer wieder auf das Archipel, das er auf dem Weg zu seinem Domizil in Ramleh/Alexandrien passierte (Schwendinger 1991). Die mittels seiner ausführlichen Fragebögen, den „Tabulae Ludovicianae", erhobenen Daten, ergänzt durch die von ihm selbst gesammelten Notizen und vor Ort angefertigten Skizzen, führten zu fünf teils ausführlichen Monografien über mehrere der Inseln.

Sein 1887 erschienenes Werk über die damals wie heute wenig bekannten Inseln Paxos und Antipaxos war der Beginn einer Publikationsreihe über die Ionischen Inseln (Salvator 1887). Ludwig Salvator beschreibt und illustriert darin ein umfassendes Bild dieser südlich von Korfu gelegenen Inseln, welche er in den Jahren 1884 bis 1885 bereiste. Dem folgte der Abbildungsband „Sommertage auf Ithaka", in welchem 102 Holzschnitttafeln, angefertigt nach Skizzen Ludwig Salvators, enthalten sind (Salvator 1903). Komplementär dazu erschien das Werk „Wintertage auf Ithaka", in dem er die Insel nach verschiedenen Gesichtspunkten eingehend beleuchtet (Salvator 1905). Darin findet sich auch ein kurzes Kapitel über die Pflanzenwelt der Insel (S. 7–9), worin er rund 50 häufige und teils nutzbare Arten aufzählt. Sein letztes Werk über das Ionische Archipel widmet er der Insel Lefkada, welches unter dem Titel „Anmerkungen über Levkas" erschien (Salvator 1908).

Das zweibändige Werk über Zante (Zakynthos) ist Salvators bedeutendste Arbeit über die Ionischen Inseln und, bezogen auf sein Gesamtwerk, die drittgrößte Inselmonographie (Salvator 1904a, 1904b). Hier werden auf mehr als 1100 Seiten unterschiedlichste natur- und kulturwissenschaftliche Aspekte der

Abb. 2: Links: *Euphorbia dendroides* (Baum-Wolfsmilch) in Vollblüte, rechts: *Verbascum macrurum* (Königskerze). Fotos: C. Gilli.

Insel beschrieben. Der erste Band behandelt Geographie, Geologie, Klima, Pflanzen- und Tierwelt sowie Bevölkerung, Landwirtschaft, Industrie, Handel und Volkswirtschaft. Im zweiten, mit zahlreichen Skizzen und Fotographien illustrierten Band werden Landschaften und Orte der Insel beschrieben. Aus botanischer Sicht spannend ist hier ein Kapitel über die Pflanzenwelt der Insel (Bd. 1, S. 51–56), in dem der Autor sich vor allem auf die von Margot und Reuter dargestellte Flora bezieht (Margot und Reuter 1839–1840) und weit über 100 Arten aufzählt. Neben dem wissenschaftlichen Namen werden auch griechische Vernakularnamen und die Verwendung der Pflanzen angeführt.

In bildhafter Sprache bringt Salvator dem Leser die jahreszeitliche Abfolge der Blütenpracht auf Zakynthos näher: „Es scheint, als ob mit dem Steigen der Sonne die Farben an Intensität zunehmen würden: anfangs sind die blauen und weissen Blüten vorherrschend, dann kleiden sich die Felder in Gold und Orangegelb und schliesslich in Purpur" (Salvator 1904b). Über eine auf allen Ionischen Inseln häufig anzutreffende Königskerzenart (*Verbascum macrurum*, Abb. 2) schreibt er beispielsweise: „Eine der Höhe ihres mit lichtgelben Blumen geschmückten Blütenschaftes wegen auffallende Pflanze ist das *Verbascum* (Königskerze oder Fackelkraut), hier Alumbarda genannt, dessen trockene und mit Oel benetzte Blütenschafte als Fackeln benützt werden." (Salvator 1904b) Von der artenreichen Gattung Wolfsmilch (*Euphorbia*) berichtet er: „Acht Euphorbien sind der Insel eigen, von denen die *E. dendroides* [Baum-Wolfsmilch, Abb. 2] mit ihren goldgelben Blüten am auffallendsten ist." (Salvator 1904b) Und über die reiche Orchideenflora der Insel schreibt er: „Man findet hier ferner drei *Orchis*-Arten [Knabenkraut], das *Anacamptis pyramidalis* [Kamm-Hundswurz] und sieben *Ophrys*-Arten [Ragwurz, Abb. 3], darunter die wunderhübschen *Ophrys ferrum equinum* und zwei *Serapias* [Zungenstendel], welche vorzüglich auf den Höhen der Gebirgskette anzutreffen sind." (Salvator 1904b)

Abb. 3: Drei *Ophrys*-Arten (Ragwurz) der Ionischen Inseln; von links nach rechts: *Ophrys* [*ferrum-equinum* subsp.] *gottfriediana*, *Ophrys helenae*, *Ophrys hellenica*. Fotos: C. Gilli.

3. Botanische Erforschung der Ionischen Inseln

Zur Zeit Ludwig Salvators, um 1900, waren bereits rund 100 botanische Schriften mit Bezug zu den Ionischen Inseln erschienen. Bereits Carolus Linnaeus erwähnte in seinem für die Botanik grundlegenden Werk „Species Plantarum" (Linnaeus 1753) eine, wenn auch nur kultivierte Art (*Aeonium arboreum*) für die Inseln Korfu und Zakynthos. Den Grundstein für die Erforschung der Flora Griechenlands legten John Sibthorp und James Edward Smith mit ihrem Werk „Florae Graecae Prodromus" (Sibthorp und Smith 1806–1816). Sibthorp bereiste auf seiner zweiten Griechenlandreise 1795 auch Zakynthos und erwarb dort das Herbar eines Arztes. Die darin enthaltenen zakynthischen Belege ermöglichten es Smith, knapp 150 Farn- und Blütenpflanzen für die Insel zu verzeichnen und vielfach auch griechische Vernakularnamen dazu anzugeben. Die erste Inselflora von Korfu verfasste der italienische Arzt Michele Trivoli Pieri in den Jahren 1808–1814 (Pieri 1814). Ein Jahrzehnt später schrieb der Italiener Allesandro Domenico Mazziari eine damals umfassende „Flora Corcirense" (Mazziari 1834–1835). Für die Insel Kefalonia veröffentlichte der italienische Arzt Niccolo Dallaporta bereits 1821 eine Auflistung der dort anzutreffenden Arten (Dallaporta 1821). Der lange in Griechenland tätige deutsche Botaniker Theodor von Heldreich verfasste 1882 eine ausführliche Flora von Kefalonia (Heldreich 1882). In den Jahren 1835 bis 1836 sammelte der Genfer Botaniker Henry Margot auf Zakynthos und veröffentlichte zusammen mit George François Reuter wenige Jahre später eine erste Flora der Insel Zakynthos (Margot und Reuter 1839–1840).

4. Wiener Tradition

Die botanische Erforschung Griechenlands, insbesondere der Ionischen Inseln, hat eine lange Wiener Tradition. Bereits im Jahr 1860 bereiste der österreichische Botaniker und Pflanzenphysiologe Franz Unger Teile Griechenlands und besuchte die Inseln Korfu, Kefalonia und Ithaka. Die floristischen Ergebnisse seiner Reise, auf der er über 500 Arten sammelte, veröffentlichte er zwei Jahre später (Unger 1862). Knapp zwei Jahrzehnte danach trat der Finanzbeamte und Amateurbotaniker Georg Spreitzenhofer in die Fußstapfen Ungers und besuchte zwischen 1877 und 1880 viermal die Ionischen Inseln. Die botanischen Erkenntnisse dieser Reisen wurden von ihm oder posthum von Franz Ostermeyer veröffentlicht (Spreitzenhofer 1878, Ostermeyer 1887). Zu Beginn des 20. Jahrhunderts studierte der österreichische Arzt und Botaniker Eugen von Halácsy intensiv die griechische Flora und begründete mit seinem Werk „Conspectus Florae Graecae" die moderne botanische Erforschung der südlichen Balkanhalbinsel (Halácsy 1900–1908). Sein zu Lebzeiten zusammengetragenes umfangreiches Herbarium Graecum wird heute im Herbarium der Universität Wien aufbewahrt und umfasst weit über 30.000 Belege. Dieses bildete die Grundlage für die Bearbeitung der modernen „Flora Hellenica" (Strid und Tan 1997, 2002). Seine Sammelreisen nach Griechenland führten Halácsy 1888 und 1911 nach Korfu. Er beschrieb einige neue Arten der Ionischen Flora, unter anderem *Stachys ionica* (Ionischer Ziest, Abb. 4). Pflanzenaufsammlungen des Ornithologen Othmar Reiser ermöglichten es Halácsy, erstmals eine Liste der auf den Strofaden (den südlichsten der Ionischen Inseln) anzutreffenden Arten zu publizieren (Halácsy 1899). Anlässlich einer Wiener Universitätsreise nach Griechenland im April 1911, an der damalige Größen der österreichischen Botanik wie August Ginzberger, Eugen von Halácsy, Friedrich August von Hayek, Erwin Janchen und Richard von Wettstein teilnahmen, wurde auch Korfu besucht und botanisch erforscht. Die Ergebnisse dieser Reise wurden von Friedrich Vierhapper in den Jahren 1914–1919 (Vierhapper 1914 bis 1919) publiziert. Das erste Florenwerk, das die Pflanzenwelt der Ionischen Inseln als Ganzes umfasst, wurde vom Wiener August von Hayek in den Jahren 1924 bis 1933 (Hayek 1924–1933) veröffentlicht. Hayeks in drei Bänden erschienener, knapp dreitausend Seiten umfassender „Prodromus Florae Peninsulae Balcanicae" ist bis heute die einzige Flora, die sämtliche damals bekannten Arten der Inseln aufzählt und dem Benutzer Bestimmungsschlüssel sowie eine morphologische Beschreibung der Pflanzen bietet. Zuletzt sei noch der Wiener Finanzbeamte und Amateurbotaniker Karl Ronniger erwähnt, der 1936 an einer zoologischen Studienreise auf Zakynthos teilnahm und dort eine beträchtliche Zahl an Pflanzenbelegen sammelte. Diese Aufsammlungen sind Grundlage seines 1941 publizierten Katalogs der Gefäßpflanzenarten der Insel (Ronniger 1941).

Im 20. Jahrhundert wurde die botanische Erforschung der Ionischen Inseln intensiviert und zahlreiche Publikationen veröffentlicht. Bedeutende Arbeiten sind unter anderem Bornmüller 1928, Hofmann 1968, Phitos und Damboldt 1985 und Borkowsky 1994. Die Literatur zu den Inseln umfasst heute weit über 500 Einzelpublikationen zu den Themenbereichen Floristik, Biosystematik, Taxonomie, Pflanzensoziologie, Cytologie, Biogeografie, Morphologie, Anatomie und Phytochemie.

5. Das Flora-Ionica-Projekt

Das Flora-Ionica-Projekt hat seinen Ursprung in den „Mediterrankursen" des Botanischen Instituts der Universität Wien (1985–1989). In den darauffolgenden Jahren wurden unter der Leitung des Wiener Botanikers Walter Gutermann ausgedehnte Feldarbeiten zur Erforschung der Flora und Vegetation der Inseln durchgeführt. Neben den großen Inseln (Korfu, Lefkada, Kefalonia, Ithaka und Zakynthos) wurden alle drei Diapontischen Inseln (Othoni, Erikoussa und Mathraki, nördlich von Korfu), Paxos und Antipaxos untersucht. Weiters wurden Sparti, Meganisi, Kalamos (östlich von Lefkada) und die unbewohnte Insel Atokos (zwischen Ithaka und den Echinaden) floristisch kartiert, Inseln, die bis dahin botanisch noch unerforscht waren. Um ein vollständiges Bild der Flora zu erhalten, wurde, ergänzend zur Feldarbeit, auch die gesamte botanische Literatur die Ionischen Inseln betreffend (weit über 500 Einzelarbeiten) ausgewertet. Die gesammelten Daten wurden in einer dafür erstellten Datenbank zusammengeführt. In den Jahren zwischen 2001 und 2010 kamen die Arbeiten jedoch fast zum Erliegen. 2011 nahm eine Gruppe junger Botanikerinnen und Botaniker unter der Leitung von Walter Gutermann die Arbeiten an der Flora der Ionischen Inseln wieder auf. Ziel war es, das umfangreiche Datenmaterial durch die Veröffentlichung einer dynamischen Webseite der breiten Öffentlichkeit zugänglich zu machen. Mehrere ausgedehnte Forschungsaufenthalte auf den Inseln wurden genutzt, um Kartierungslücken zu schließen und weitere Daten zur Verbreitung der Gefäßpflanzenarten zu sammeln. In den 30 Jahren Feldforschung waren circa 100.000 Einzelangaben im Feld erhoben worden, ergänzt mit ungefähr 30.000 Angaben aus der vorhandenen botanischen Literatur. Zur wissenschaftlichen Dokumentation wurden im Laufe des Projekts rund 10.000 Herbarbelege und Tausende Fotos der Pflanzen angefertigt. Um diese Daten sinnvoll verwalten zu können und einen dynamischen Webauftritt zu ermöglichen, wurden die Kartierungsdaten von einer veralteten Datenbank in eine zeitgemäße MySQL-Datenbank überführt.

Schließlich erfolgte am 22. Jänner 2016 im Rahmen eines Symposiums unter dem Titel „Plant biodiversity on the Ionian Islands" die Veröffentlichung der Flora-Ionica-Webseite (https://floraionica.univie.ac.at). Die dynamische Internetseite umfasst derzeit eine Einführung in das Untersuchungsgebiet („Ionian Islands"), eine Kurzgeschichte des Flora-Ionica-Projekts („About the Project") und eine umfassende Bibliografie zur botanischen Literatur der Inseln („Literature"). Den Kern der Webseite bildet die „Checklist", ein Inventar aller derzeit von den Ionischen Inseln bekannten Arten und Unterarten indigener und eingebürgerter Farn- und Blütenpflanzen. Auf jeder Taxon-Seite wird neben dem wissenschaftlichen Namen des Taxons der floristische Status angeführt. Darunter findet sich eine Bildleiste der betreffenden Pflanze, die, soweit vorhanden, Fotos zu Habitat, Habitus, Detailaufnahmen von Blüten, Früchten und Samen sowie von Herbarbelegen enthält. Eine Rasterkarte, basierend auf dem UTM-Koordinatensystem mit einer derzeitigen Auflösung von 10×10 km illustriert die Verbreitung der (Unter)Art auf den Ionischen Inseln (Abb. 4). Zusätzlich werden neben der Karte die Literaturquellen angeführt, in welchen die Erstnachweise auf der jeweiligen Insel publiziert wurden. Diese sind soweit als möglich mit den online frei verfügbaren Werken verknüpft, um einen einfachen Zugang zur Originalliteratur zu ermöglichen. Zu kritischen und fraglichen Sippen finden sich außerdem Anmerkungen zu Taxonomie, floristischem Status, Chromosomenzahlen unter anderem („Annotation"). Da sich der botanische Name eines Taxons je nach taxonomischer Auffassung in der wissenschaftlichen Literatur unterscheiden kann, findet sich zu guter Letzt eine Liste wichtiger taxonomischer Referenzwerke mit den in diesen Werken für das jeweilige Taxon verwendeten Namen.

Abb. 4: Verbreitungskarte, Detail- und Habitusfoto von *Stachys ionica* (Ionischer Ziest), einer auf den Ionischen Inseln und dem angrenzenden griechischen Festland endemischen Art. Fotos: C. Gilli.

6. Wissenszuwachs über die Zeit

Vergleicht man die Anzahl der vor rund hundert Jahren bekannten Farn- und Blütenpflanzen der Ionischen Inseln mit jener von heute, ist ein beträchtlicher Wissenszuwachs zu verzeichnen. In seiner Zante-Monografie schreibt Ludwig Salvator dazu Folgendes: „Halaczy, der vorzüglichste Kenner der griechischen Flora, bestimmte für Zante einige neue Arten. Viel liess sich wahrscheinlich nicht finden, ausser einigen Arten aus den Nachbarländern, die für Zante noch nicht vorgelegen waren." (Salvator 1904) Nach Einschätzung des Erzherzogs war also die Flora der Inseln weitgehend erfasst und an Neufunden nicht viel zu erwarten. Dass dem nicht so ist, soll an folgenden Zahlenbeispielen kurz erläutert werden. So geben Margot und Reuter (1839–1840) in ihrem Florenkatalog 626 Gefäßpflanzenarten von Zakynthos an, Ronniger (1941) listet bereits 804 Arten auf, und heute kennen wir von der Insel etwa 1100 einheimische und eingebürgerte Arten. Für Kefalonia führt Heldreich (1882) 766 Farn- und Blütenpflanzen an, etwa 100 Jahre später verzeichnen Phitos und Damboldt (1985) rund 1050 Taxa für die Insel, heute sind von der Insel ungefähr 1350 indigene und eingebürgerte Arten und Unterarten bekannt. Selbst über einen relativ kurzen Zeitraum von 20 Jahren sei der Zuwachs an bekannten Arten einer Insel am Beispiel von Korfu vor Augen geführt: Der deutsche Botaniker Olaf Borkowski beschäftigte sich im Zuge seiner Dissertation mehrere Jahre intensiv mit der Flora der „grünen" Insel und listet 1410 Taxa auf (Borkowsky 1994). 20 Jahre und mehrere Forschungsaufenthalte im Laufe des Flora-Ionica-Projekts später kennen wir von Korfu mittlerweile 1570 Arten und Unterarten.

Dieser beträchtliche Wissenszuwachs hat mehrere Gründe: Durch die systematische, flächendeckende floristische Kartierung der Inseln in den letzten 30 Jahren konnte eine Reihe bislang von den Inseln nicht bekannter, übersehener, aber einheimischer Arten nachgewiesen werden. So wurden selbst in jüngster Zeit noch Neufunde für die Flora der Ionischen Inseln verzeichnet. Im September 2015 konnte an der Südostküste der Insel Zakynthos eine bislang von den Ionischen Inseln nicht bekannte sanddünenbewohnende Leimkrautart (*Silene succulenta*) aufgefunden werden. Diese zentral- und ostmediterran verbreitete Art war bislang in Griechenland nur von Kreta bekannt und erreicht an der Südostspitze von Zakynthos ihren nördlichsten Verbreitungspunkt in Griechenland.

Weiters wurden mehrere bislang unbekannte Arten erst in den letzten Jahrzehnten von den Ionischen Inseln beschrieben. Zum Teil führte die taxonomische Bearbeitung von schwierigen Verwandtschaftsgruppen zu einer Vervielfachung der Artenzahl der betreffenden Gruppe. Ein Beispiel dafür ist die Gattung *Limonium* (Strandflieder), in der in den letzten Jahrzehnten fast ein Dutzend auf den Inseln endemischer Arten beschrieben wurde. Erst 2015 wurde eine bislang übersehene und verkannte Art, *Limonium korakonisicum* (Korakonisi-Strandflieder), von einem kleinen Felseiland an der Südwestküste von Zakynthos erstbeschrieben, eine Art, die, wie sich herausstellte, mit den von den Inseln bisher bekannten Arten nicht näher verwandt ist, sondern in enger Beziehung zu weiter südlich verbreiteten, ägäischen Sippen steht (Valli und Artelari 2015).

Und schließlich kam und kommt es, vermehrt in den letzten Jahrzehnten, zu anthropogen verursachten Einschleppungen und Verwilderungen von gebietsfremden Arten. Solche absichtlich oder unabsichtlich eingeführten Arten (Neophyten) tragen ebenfalls zu einer Erhöhung der pflanzlichen Biodiversität bei. So sind von den rund 1900 Gefäßpflanzen-Taxa, die derzeit von den Inseln bekannt sind, 160 Taxa eingebürgerte Neophyten, das sind circa 8 Prozent der Flora des Gebiets. Würde man die nur unbeständig, das heißt (noch) nicht etablierten, nur sporadisch auftretenden Neophyten miteinbeziehen, wäre der Anteil noch um einiges höher. Ein Beispiel für einen dieser Neubürger ist die aus Südamerika stammende, als Zierpflanze kultivierte *Araujia sericifera*, welche auf Korfu heute auch verwildert angetroffen werden kann. In der griechischen Gefäßpflanzen-Checkliste ist diese Art für die Ionischen Inseln noch nicht verzeichnet (Dimopoulos et al. 2013).

7. Zusammenfassung

Die floristische Erforschung eines Gebiets wird aus den oben genannten Gründen deshalb nie abgeschlossen und niemals „vollständig" sein. Vielmehr sind durch den fortschreitenden Wissenszuwachs in der floristischen und taxonomischen Forschung, aber auch durch den vom Menschen mitverursachten Florenwandel weiterhin Neuentdeckungen zu erwarten. Ludwig Salvator schreibt in seinem Werk über Zakynthos: „Man muss sie [Zakynthos] mit einem Boot umfahren […], man muss jeden kleinen, sandigen Strand, jede kleine Einbuchtung, jeden natürlichen Bogen, der wie ein Riesenstrebepfeiler ins Meer vorspringt, umschiffen, um eine Vorstellung von ihren wilden landschaftlichen Reizen zu erhalten." (Salvator 1904) Gleiches gilt auch aus floristischer Sicht, will man die pflanzliche Vielfalt der Inseln erfassen. Jede Bucht, jedes Kap, jede Anhöhe, jede Senke, jede Schlucht, jede Klippe kann botanisch Interessantes beherbergen und zur Erhöhung der pflanzlichen Biodiversität der Ionischen Inseln beitragen.

8. Literatur

Wenn der Autor mit einer eckigen Klammer versehen ist, dann bedeutet dies, dass das Werk anonym erschienen ist und die Autorschaft sich sekundär erschließt.

Borkowsky, O. 1994. „Übersicht der Flora von Korfu. Floristic Investigations of Corfu, Ionian Islands/Greece." *Braunschweig. Geobot. Arbeiten* 3: 1–202.

Bornmüller, J. 1928. „Ergebnis einer botanischen Reise nach Griechenland im Jahre 1926 (Zante, Cephalonia, Achaia, Phokis, Aetolien)." *Repert. Spec. Nov. Regni Veg.* 25: 161–203, 270–350.

Dallaporta, N. 1821. „Prospetto delle piante che si trovano nell'isola di Cefalonia." Corfu: Stamperia del Governo.

Dimopoulos, P., Raus, T., Bergmeier, E., Constantinidis, Th., Iatrou, G., Kokkini, S., Strid, A. und D. Tzanoudakis 2013. „Vascular plants of Greece: An annotated checklist." Berlin: Botanischer Garten und Botanisches Museum Berlin-Dahlem sowie Athens: Hellenic Botanical Society.

Flora Ionica Working Group 2016. „Flora Ionica – An inventory of ferns and flowering plants of the Ionian Islands (Greece)." Published at https://floraionica. univie.ac.at. Accessed February 5, 2016.

Halácsy, E. v. 1899. „Flora Strophadum." *Oesterr. Bot. Z.* 49: 24–25.

Halácsy, E. v. 1900–1908. „Conspectus florae graecae." Lipsiae: G. Engelmann.

Hayek, A. 1924–1933. „Prodromus florae peninsulae Balcanicae." *Repert. Spec. Nov. Regni Veg. Beih.* 30(1): 1–1193, 30(2): 1–1152, 30(3): 1–472.

Heldreich, Th. v. 1882. „Flore de l'île de Céphalonie." Lausanne: G. Bridel.

Hofmann, U. 1968. „Untersuchungen an Flora und Vegetation der Ionischen Insel Levkas." *Vierteljahrsschr. Naturf. Ges. Zürich* 113: 209–256.

Linnaeus, C. v. 1753. „Species plantarum." Vol. 1. Holmiae: Laurentii Salvii.

Margot, H. und F.-G. Reuter 1839–1840. „Essai d'une flore de l'île de Zante." *Mém. Soc. Phys. Genève* 8: 249–314, t. 1–4, 6; 9: 1–56, t. 5.

Mazziari, D. 1834–1835. „Flora Corcirense." *Ionios Anthologia* 2: 424–469, 3: 669–703, 4: 940–961, 5: 180–227.

Ostermeyer, F. 1887. „Beitrag zur Flora der jonischen Inseln Corfu, Sta. Maura, Zante und Cerigo." *Verh. k. k. Zool.-Bot. Ges. Wien* 37: 651–672.

Phitos, D. und † J. Damboldt 1985. „Die Flora der Insel Kefallinia (Griechenland)." *Bot. Chron. (Patras)* 5: 1–204.

Pieri, M. T. 1814. „Della Corciresi Flora. Centurie prima, seconda, e terza." Corcirae: Stamperia del Governo.

Ronniger, K. 1941. „Flora der Insel Zante." *Verh. Zool.-Bot. Ges. Wien* 88/89: 13–108.

[Salvator, L.] 1887. „Paxos und Antipaxos im Jonischen Meer." Würzburg, Wien: L. Woerl.

[Salvator, L.] 1903. „Sommertage auf Ithaka." Prag: Heinrich Mercy & Sohn.

[Salvator, L.] 1904a. „Zante. Allgemeiner Theil." Prag: Heinrich Mercy & Sohn.

[Salvator, L.] 1904b. „Zante. Specieller Theil." Prag: Heinrich Mercy & Sohn.

[Salvator, L.] 1905. „Wintertage auf Ithaka." Prag: Heinrich Mercy & Sohn.

[Salvator, L.] 1908. „Anmerkungen über Levkas." Prag: Heinrich Mercy & Sohn.

Schwendinger, H. 1991. „Erzherzog Ludwig Salvator. Der Wissenschaftler aus dem Kaiserhaus. Eine Biographie." Wien: Amalthea.

Sibthorp, J. und J. E. Smith 1806–1816. „Florae Graecae prodromus." Londini: Typis Richardi Taylor et socii.

Spreitzenhofer, G. C. 1878. „Beitrag zur Flora der jonischen Inseln: Corfu, Cephalonia und Ithaka." *Verh. k. k. Zool.-Bot. Ges. Wien* 27: 711–734.

Strid, A. und K. Tan, Hgs. 1997. „Flora Hellenica. Vol. 1." Königstein: Koeltz Scientific Books.

Strid, A. und K. Tan, Hgs. 2002. „Flora Hellenica. Vol. 2." Ruggell: Gantner Verlag.

Unger, F. 1862. „Wissenschaftliche Ergebnisse einer Reise nach Griechenland und in den jonischen Inseln." Wien: Braumüller.

Valli, A.-T. und R. Artelari 2015. „*Limonium korakonisicum* (*Plumbaginaceae*), a new species from Zakynthos Island (Ionian Islands, Greece)." *Phytotaxa* 217: 63–72.

Vierhapper, F. 1914–1919. „Beiträge zur Kenntnis der Flora Griechenlands." *Verh. k. k. Zool.-Bot. Ges. Wien* 64: 239–270, 69: 102–312.

Adresse des Autors:

Mag. Christian Gilli
Arbeitsgruppe Flora Ionica
Department für Botanik und Biodiversitätsforschung der Universität Wien
Rennweg 14, A-1030 Wien

Von den „Tabulae Ludovicianae" 1869 zur heutigen geografischen Informationstechnologie

Erzherzog Ludwig Salvator* als geografischer Feldforscher sowie Vordenker moderner geografischer Landeskunde und interdisziplinärer Landschaftsökologie

Gerhard L. Fasching

GEOGRAPHY IS
WHAT GEOGRAPHERS DO

Almon Ernest Parkins (1879–1940)

Das wissenschaftliche Vermächtnis des österreichischen Erzherzogs aus dem regierenden Haus Habsburg-Lothringen besteht aus rund 50 Werken vorwiegend aus der Mittelmeerregion. Die Grundlage für diese mehr als 40 Jahre andauernden Arbeiten bildeten intensive Feldforschungen, einschließlich Zeichnungen und Aquarellen.

Hierzu wurde von ihm ein Fragenkompendium bestehend aus 100 Doppelseiten entwickelt, die „Tabulae Ludovicianae". Damit hat er Maßstäbe für die moderne geografische Landeskunde gesetzt. Mit seiner natur- und gesellschaftsphilosophischen sowie landschaftsökologischen Sichtweise war er seiner Zeit weit voraus.

Heutzutage ist die Erhebung, Auswertung, Zusammenfassung und Veröffentlichung der gesammelten Geoinformationen durch die moderne geografische Informationstechnologie sowie Kommunikationstechniken wesentlich leichter. Hingegen ist die vergleichbare interdisziplinäre Datenerhebung durch die völlig anderen politischen und sozioökonomischen Verhältnisse im Mittelmeerraum wesentlich schwieriger. Ein Forschungsschiff und ein Forschungszentrum der Europäischen Union in dieser Region werden angeregt.

Die vorliegenden Ausführungen erheben keinen Anspruch auf einen umfassenden Überblick zur wissenschaftshistorischen Entwicklung der geografischen Landeskunde und der geografischen Informationstechnologie. Sie zeigen aber, wie ein wissenschaftlicher Außenseiter mit einem hohen persönlichen Einsatz großartige Feldforschung konzipiert, durchgeführt und dokumentiert hat. Sein bisher wissenschaftlich wenig bekanntes und noch weniger anerkanntes Lebenswerk wird aus fachlicher Sicht gewürdigt.

---

* 4.8.1847 Florenz/Firenze (Toskana/Italien), † 12.10.1915 Brandeis an der Elbe/Brandýs nad Labem-Stará Boreslav (Nordböhmen/Tschechische Republik).

1. Vorbemerkungen

Die Würdigung des wissenschaftlichen Vermächtnisses von Erzherzog Ludwig Salvator von Österreich-Toskana (1847–1915) aus der Sicht der Geografie ist janusgesichtig, einfach und kompliziert zugleich.

Einfach, weil der Erzherzog am Ende seiner breiten natur-, rechts- und sozialwissenschaftlichen Studien 1869 an der (damals noch deutschen) Prager Karl-Ferdinand-Universität[1] für seine Quasi-Dissertation über die Balearen[2] ein sehr fortschrittliches geografisch-landeskundliches Fragenkompendium entwickelt hat, die „Tabulae Ludovicianae". Das war eine eigenständige schöpferische wissenschaftliche Leistung, die erstmalig mit dem vorliegenden Aufsatz aus fachlicher Sicht näher beschrieben und analysiert wird. Die Anwendung der „Tabulae" erfolgte dann sehr konsequent im Rahmen geografischer Feldforschung über mehr als 40 Jahre lang. Damit hat er ein umfangreiches und wissenschaftlich wertvolles Grundlagenmaterial – vorwiegend aus dem Mittelmeerraum und insbesondere dessen Inselwelt – in Form von rund 50 Werken mit teilweise mehreren Bänden veröffentlicht. Viele der Monografien sind voluminöse und reich illustrierte Prachtbände. Diese hatten nur eine geringe Auflage und wurden zumeist an einen ausgewählten Adressatenkreis verschenkt, unter anderen an die Geographische Gesellschaft Wien. Die meisten seiner Werke sind in deutscher Sprache verfasst. Sie sind reich illustriert (Abbildungen, Bilder, Karten), wobei als Grundlage die Zeichnungen und Aquarelle des Erzherzogs dienten. Herausgegeben wurden sie im Eigenverlag (Druck: Heinrich Mercy Sohn in Prag/Praha) oder im Verlag Woerl in Deutschland.

Seine landeskundlichen Arbeiten zeichnen sich vor allem durch eine sehr gute Vergleichbarkeit aus. Dieser methodische Ansatz war neu und ein wichtiger Beitrag zur Entwicklung der Geografie als Naturwissenschaft mit breiten Überschneidungen zu Nachbarwissenschaften. Die ungemein akribische interdisziplinäre Grundlagenarbeit und dann die aufwendigen lebenslangen Feldarbeiten führten bei ihm in Weiterverfolgung seines Erziehungs- und Studienkonzeptes durch Vincenzo Antinori zur Überzeugung, dass die Geografie die Königin der Wissenschaften sei. Was natürlich alle Angehörigen dieser Wissenschaftsdisziplin im Überlappungsbereich von Natur-, Human-, Technik- und Kosmos-Wissenschaften freut.

---

1   Ein Studium als ordentlicher Hörer war ihm als Angehörigem des regierenden Hauses Habsburg-Lothringen im Kaiserreich Österreich nicht möglich. Als eifriger und umfassend interessierter Studierender konnte er sich im Rahmen eines Studium irregulare umfangreiche und profunde naturwissenschaftliche Kenntnisse aneignen. Vgl. H. Schwendinger (1991) und H. J. Kleinmann (1991).

2   Ursprünglich war eine Arbeit über Dalmatien und die damals noch osmanische Herzegowina vorgesehen. Wegen einer Choleraepidemie wurde kurzfristig als Ersatzreiseziel die Balearen ausgewählt, die sein Hauptforschungsgebiet werden sollten. Das Balearenwerk entstand zwischen 1869 und 1897 und umfasst sieben Bände und neun Bücher.

Kompliziert ist eine Würdigung aber, weil die vergleichende Landeskunde, Markenzeichen seiner Arbeit, durch andere Schwergewichte in der wissenschaftlichen Geografie seit den tief greifenden Umbrüchen in den 1960er-Jahren völlig außer Mode gekommen ist. Zu unrecht, wie weiter unten begründet wird. Weiters kann eingewendet werden, dass in 40 Jahren Feldforschung sich doch laufend Verbesserungen hätten ergeben müssen. Das ist heute, bedingt durch personelle und finanzielle Zwänge und eine dadurch meist kurze Projektdauer durch den Druck zu Nachbesserungen oder Weiterentwicklungen, im akademischen Forschungsbereich die Regel. Der Erzherzog war aber aufgrund seiner hochadeligen Abstammung und der daraus sich ergebenden internationalen Netzwerke sowie seiner Ressourcen und damit finanzieller Unabhängigkeit in der Lage, seine Grundlagen- und Feldforschungen völlig frei gestalten zu können. Von derartigen Forschungsbedingungen für Einzelwissenschaftler können wir heute nur träumen. Aber in Form zeitgemäßer Teamarbeit sollte so eine interdisziplinäre Forschungstätigkeit unter anderen Rahmenbedingungen sehr wohl möglich sein. Auch dies wird weiter unten thematisiert.

Das Hauptproblem bei der Würdigung des wissenschaftlichen Vermächtnisses von Erzherzog Ludwig Salvator ist die Zuordnung seiner Forschungstätigkeit zum heutigen Wissenschaftsverständnis. Das ist seit rund 100 Jahren rein akademisch und universitär geprägt.[3] Wie aber bei den Arbeiten zur Geschichte der 1856 gegründeten Österreichischen Geographischen Gesellschaft (Kretschmer und Fasching 2006) festgestellt werden konnte, hatte man bis zum Ende der Monarchie ein anderes Selbstverständnis von Geografie, was deshalb im nächsten Kapitel näher erläutert wird. Sie hatte damals im Zeitalter des Kapitalismus, Kolonialismus, Nationalismus und Militarismus einen hohen gesellschaftlichen Stellenwert. Ging es doch um Ressourcen und um Territorien sowie um genaue Landeskenntnis für den Handel und um optimale Verkehrsverbindungen. Menschen und Ökologie hingegen waren für Politik und Meinungsmacher nebensächlich. Welt- und Forschungsreisende sowie Entdecker genossen daher bei den Zeitgenossen hohe Anerkennung und Popularität. Vor diesem Hintergrund muss man die Leistungen des Habsburgers sehen, entgegen dem Zeitgeist sich um eine ganzheitliche Sicht von Land und Leuten in einer bestimmten Region zu bemühen. Nicht nur die Ober- und Mittelschicht sowie herausragende Natur- und Kulturdenkmäler für betuchte Reisende standen im Fokus, sondern der von den Wissenschaften vernachlässigte ländliche Raum[4] und das einfache

---

3   Vgl. hierzu den anderen Zugang zur Thematik und Einschätzung im Beitrag von Marianne Klemun in dieser Publikation.

4   Daran hat sich bis dato nichts geändert. Aus ökonomischen und fiskalischen Sichtweisen zur Profitmaximierung und Einsparungsmöglichkeiten im Bereich der Verwaltung erfolgt weltweit eine Ausdünnung des ländlichen Raumes und eine Konzentration auf die urbanen Räume. Solche Fehlentwicklungen können aber bereits mittelfristig zu erheblichen sozioökonomischen und ökologischen Problemen in sensiblen Räumen, wie in den Alpen oder auf Inseln, führen.

Volk; das aus der klaren Erkenntnis heraus, dass der technische Fortschritt des Industriezeitalters mit seinen gravierenden sozioökonomischen Auswirkungen einerseits zu starken Veränderungen in der Natur- und Kulturlandschaft sowie anderseits bei Bevölkerung, Siedlungen, Wirtschaft und Verkehr führen wird. Ludwig Salvator sah es daher als seine Aufgabe an, die untergehende weitgehend autarke agrarwirtschaftlich geprägte Welt auf lokaler und regionaler Ebene möglichst umfassend und genau zu dokumentieren. Die wissenschaftlich fundierte Bestandsaufnahme der gewachsenen Landschaften und der traditionellen Siedlungs- und Wirtschaftsformen im Rahmen der geografischen Landeskunde auf der Grundlage der „Tabulae" sollten so als Teil des regionalen und nationalen kulturellen Erbes der Nachwelt erhalten bleiben.[5]

2. Die Wurzeln der geografischen Landeskunde

Die Geographie in der Wortbedeutung als Erdbeschreibung gibt es seit der Antike. Seit damals beschreibt sie aber nicht nur, sondern versucht auch, Natur- und Kulturphänomene zu erklären. Die Arbeiten waren aber unsystematisch und vermischt mit Mythen. Je weiter entfernt von der Heimat und der bekannten Welt, desto ungenauer und fantasievoller waren die Aussagen. Die antike geografische Literatur hat als Teil der Wissenschaftsgeschichte und als eine der Quellen für die Landschaftsentwicklung immer noch ihre Bedeutung. Hierzu sei auf den Wüstenforscher aus dem heutigen Burgenland, den wirklichen „Englischen Patienten" Ladislaus E. von Almásy aus Bernstein, verwiesen. Genauso wie der deutsche Hobbyarchäologe Schliemann an Homer geglaubt hat und tatsächlich Troja gefunden hat, genauso glaubte Almásy an den Bericht des griechischen Geografen Herodot über die schon damals verschollene Oase Zarzura. Unter Einsatz moderner Technik (Auto und Flugzeug) gelang es ihm tatsächlich, 1932 die Oase wieder zu finden (Fasching 2012). In Verbindung mit den kurze Zeit später ebenfalls von ihm entdeckten Felszeichnungen konnte von Almásy der wissenschaftliche Nachweis erbracht werden, dass die Sahara während der Eiszeiten auf der Nordhalbkugel eine Steppen- und Savannenlandschaft mit üppiger Vegetation und Tierwelt gewesen ist, in der neolithische Menschen lebten. So wie bei Erzherzog Ludwig Salvator wurden die Forschungen und Entdeckungen von Almásy von der akademischen Gemeinschaft nicht einmal ignoriert. Das zeigt deutlich das Dilemma der wissenschaftlichen Gemeinschaft auf, wie man mit derartigen Exoten umgeht und wie ihr Spezialwissen genutzt werden kann.

---

5   In diesem Zusammenhang ist die Gründung des ersten Freiluftmuseums durch Ludwig Salvator 1895 mit alten böhmischen Bauernhäusern in Alt Prerau an der Elbe/Skanzen Přerov nad Labem in der Nähe von Prag/Praha in der Tschechischen Republik zu sehen, der ersten derartigen museumspädagogischen Einrichtung in Mittel-, Ost- und Südosteuropa.

Das antike Wissen, so auch auf dem Gebiet der Geografie, wurde in der Renaissance wieder entdeckt und rezipiert. Ein bedeutendes Beispiel ist die in der Wiener Nationalbibliothek aufbewahrte „Tabula Peutingeriana", eine hochkomplexe Straßenkarte mit Infrastrukturangaben. Die mit hoher Wahrscheinlichkeit dazugehörige Landesbeschreibung hat sich leider nicht erhalten. Dafür gibt es seit dem Hochmittelalter umso mehr Seekarten (Portolankarten). Mit den Entdeckungsreisen im Zeitalter der Entdeckungen zur See und auf dem Land nahm die Bedeutung von Seekarten, aber auch der dazugehörigen Landesbeschreibungen der Küstenbereiche stark zu. Das Schwergewicht der landeskundlichen Bearbeitungen lag dabei auf den Handelsmöglichkeiten.

Ab dem Dreißigjährigen Krieg mit seinem Kampf um Ressourcen vor allem bei den Winterquartieren und den seit der Spätantike erstmalig militärwissenschaftlichen Arbeiten zu Krieg und Kriegsführung durch den Militärtheoretiker und kaiserlichen Feldherrn Generalleutnant Raimondo Graf Montecuccoli (1609–1680) gab es systematische militärlandeskundliche Arbeiten. Nach seiner Pensionierung und Ernennung zum Präsidenten der Leopoldinischen Akademie für Naturforschung wurden diese Arbeiten intensiviert. Aber erst durch die Gründung der Technischen Militärakademie[6] 1717 in Wien durch Prinz Eugen von Savoyen wurde die Militärgeografie in Form von Militärgeodäsie, Militärtopografie, Militärkartografie und militärischer Landeskunde erstmalig in Mitteleuropa lehr- und lernbar. Ein gutes Beispiel für den damaligen Aufschwung der durch das Militär getragenen Entwicklung war das Pilotprojekt einer genauen Landesaufnahme des habsburgisch-osmanischen Grenzgebietes durch den späteren Feldmarschall und Präsidenten des Hofkriegsrates Gideon Ernst Freiherr von Laudon (1717–1790). Während die Karten von 200 Jahren verschollen sind, haben sich die Texte im Kriegsarchiv Wien erhalten.

Auf die Initiative von Laudon geht auch die Erste oder Theresianisch-Josephinische Landesaufnahme der habsburgischen Kronländer ab 1763/1764 zurück. Integraler Bestandteil der staatlichen Landesaufnahmen im 18. und 19. Jahrhundert waren die zugehörigen militärischen Landesbeschreibungen. Die erste Hochblüte erlebte die Militärgeografie und damit auch die Militärlandeskunde in Europa unter dem Kaiser der Franzosen: Napoleon I.

Parallel dazu wurden von Forschungsreisenden wie Alexander von Humboldt (1769–1859) wissenschaftlich fundierte Feldforschungen durchgeführt. Humboldt wurde damit zum Mitbegründer der Geografie als empirische Wissenschaft. Auch zeichnete ihn interdisziplinäres Arbeiten sowie eine globale Sicht aus. Er war damit eines der Vorbilder für Erzherzog Ludwig Salvator, vor allem auch hinsichtlich eines neuhumanistischen Weltbildes und hinsichtlich Naturphilosophie.

---

6 Die Technische (Militär-)Akademie (disloziert in Wien Stiftgasse 2) war eine zivile Universität, die vom Militär als Hauptbedarfsträger finanziert wurde. Daraus entwickelte sich die heutige Technische Universität Wien.

Weitere Vorbilder für den Erzherzog waren die staatlichen Landesbeschreibungen der diversen deutschen Königreiche und Fürstentümer des Deutschen Bundes, wie zum Beispiel ab 1824 die Oberamtsbeschreibungen des königlichen statistischen Büros von Württemberg, ab 1838 von Preußen sowie ab 1861 von Bayern. Überregional zusammengefasst wurde das landeskundliche Wissen in den „Forschungen zur Deutschen Landeskunde" seit dem Jahr 1885. Es folgte eine Hochblüte dieser Disziplin nach dem Zweiten Weltkrieg.

Vor allem werden für Ludwig Salvator die systematischen topografischen und landeskundlichen Aufnahmen der Toskana durch seinen Urgroßvater, Großherzog (Peter) Leopold I. (1747–1792), prägend gewesen sein. Die peniblen multidisziplinären Gelände- und Archivarbeiten durch Beamte, Wissenschaftler und Künstler anlässlich seines Regierungsantritts waren damals sehr innovativ und Grundlage für zahlreiche Verwaltungsreformen. Die Toskana galt daher nicht zu Unrecht nach dem Wiener Kongress als das am fortschrittlichsten regierte Land Europas. Dieser Kurs wurde auch unter Großherzog Ferdinand III. und dem Vater von Ludwig Salvator, Großherzog Leopold II., mit Nachdruck fortgeführt.

Starke Impulse für die Entwicklung der „Tabulae Ludovicianae" gingen vermutlich auch vom 1844 für militärische Einsatzvorbereitungen aller Art gegründeten k. k. Landesbeschreibungsbüro Wien als Abteilung des k. k. Quartiermeisterstabes (= Generalstabes) aus. Die Tabellenform ist eines der charakteristischen Merkmale für die Erhebungen, um eine Vergleichbarkeit der Informationen sicherzustellen.

Schließlich soll auch auf die Bedeutung der Geographischen Gesellschaften und der Universitäten für die Entwicklung der Landeskunde in Mitteleuropa hingewiesen werden. Bereits 1828 erfolgte die Gründung der Gesellschaft für Erdkunde in Berlin, während es erst nach der Liberalisierung des Vereinsrechts (1848) im Jahr 1856 zur Gründung der k. k. Geographischen Gesellschaft Wien kam. Diese Gesellschaften förderten nachdrücklich die Landeskunde und Länderkunde durch großzügige Unterstützungen von Forschungsreisen. Aber auch an der 1851 neu geschaffenen ersten Lehrkanzel für Geografie an der Universität Wien und durch deren Besetzung mit dem Alpenforscher Friedrich Simony (1813–1896) hatte geografische Feldforschung und Landeskunde einen hohen Stellenwert.

3. Die „Tabulae Ludovicianae" 1869

3.1. Entstehung und Konzept

Noch während seiner Studienzeit in Prag, wo Kaiser Karl IV. 1348 die erste Universität im deutschen Sprachraum gegründet hatte, entwickelte Erzherzog Ludwig Salvator ein wissenschaftliches Fragebogenkompendium – erstmalig für die gesamte Bandbreite der geographischen Landeskunde – für seine

Quasi-Dissertation über die Balearen. Die sehr durchdachten und auch formal perfekten „Tabulae Ludovicianae" (publiziert 1869 im Eigenverlag in Prag) lassen vermuten, dass sie bereits um 1867 mithilfe der Erfahrungen zahlreicher Experten der verschiedensten Wissenschaftsdisziplinen und der öffentlichen Verwaltung erstellt und bereits mehrmals erprobt wurden. Das Zurückgreifen auf Expertenwissen schmälert aber keineswegs die eigenständige schöpferische Leistung des Studiosus aus dem Kaiserhaus.

Entscheidend war, dass er damit eine neue Ära der Professionalisierung der multidisziplinären landeskundlichen Feldforschung zum Zwecke einer umfassenden Bestandsaufnahme des natur- und kulturräumlichen Landschaftsinventars eröffnete. Die systematische Entwicklung des narrativen Teils, das heißt die Formulierung der Forschungsziele für alle geo- sowie sozioökonomischen Faktoren in Form von Fragestellungen waren Voraussetzung einerseits für seine zusammenfassenden deskriptiven Publikationen sowie andererseits für einen analytischen Teil der Landeskunde. Das ist durchaus eine wissenschaftliche Leistung, weil eine unmittelbare Abhängigkeit der beiden Teile gegeben ist. Anzumerken ist, dass der Erzherzog die Bestandserhebungen und -beschreibungen in Wort und Bild überaus gewissenhaft durchgeführt, aber nie versucht hat, seine Forschungsergebnisse synthetisch-analytisch auszuwerten. Hier war er vielleicht zu bescheiden, denn er erachtete trotz der beachtlichen Fülle von regionalen Einzelforschungen die Wissens- und Datenlage als noch nicht ausreichend für gesicherte Aussagen.

Die Fragen der „Tabulae" waren zum einen sehr umfassend, ausgefeilt, detailreich und präzise, aber zum anderen geschickt, einfach und nicht einengend für die lokalen Bearbeiter (Bürgermeister, Richter, Pfarrer, Ärzte, Lehrer …) gehalten. Die „Tabulae" bildeten die Grundlage für sämtliche Feldforschungen und Publikationen des Erzherzogs in den nächsten 40 Jahren.

Man kann natürlich einwenden, dass sich während dieses Zeitraumes in 40 Jahren doch methodisch und arbeitstechnisch viel hätte ändern müssen. Bei den heutigen Projekten mit in der Regel kurzen Laufzeiten sind derartige Weiterentwicklungen eine Selbstverständlichkeit. Um aber die Vergleichbarkeit sicherzustellen, wurden die „Tabulae" konsequent die ganze Zeit über unverändert für sämtliche Feldforschungen angewendet. Das hat sich durchaus bewährt.

Die geografischen Feldforschungen von Ludwig Salvator waren gelebte angewandte Wissenschaft, die im Wissenschaftskanon des 19. Jahrhunderts ihre Bedeutung und damit Existenzberechtigung hatten. Das Fragen und damit Hinterfragen zeichnet gerade geografische Feldforschung aus. Die Feldarbeit diente nicht zur Entdeckung und Beschreibung bisher unbekannter Regionen unserer Erde, sondern im Sinne von Alexander von Humboldt zur empirischen Bestandsaufnahme bisher wenig erforschter Gebiete mit wissenschaftlichen Methoden. Ludwig Salvator sah seine Aufgabe darin, in der damaligen sozioökonomischen Umbruchszeit mit extremer Technik- und Fortschrittsgläubigkeit das natürliche und kulturelle Landschaftsinventar auf lokaler und regionaler Ebene möglichst umfassend zu dokumentieren und der Nachwelt als Teil des natürlichen und kulturellen Erbes zu erhalten. Mit diesen wissenschaftlich fundierten Ansätzen war er seiner Zeit weit voraus.

Bei der Feldarbeit waren ihm seine gesellschaftliche Stellung als Angehöriger eines regierenden Hauses und der damit verbundenen amtlichen Unterstützungen vor Ort, seine Persönlichkeitsmerkmale, seine Sprachkenntnisse und sein Organisationstalent hilfreich. Persönlich wenig anspruchsvoll und sehr kommunikativ, war er durchaus selbstbewusst, wie viele Anekdoten bezeugen. Auf Äußerlichkeiten legte er hingegen nicht den geringsten Wert. Vor allem begegnete er auch den einfachen Leuten auf gleicher Augenhöhe. Dabei kam ihm sein Sprachtalent (14 Sprachen) sehr zugute. Neben seinen Mutter- und Vatersprachen Italienisch und Deutsch sprach er an modernen Fremdsprachen Tschechisch, Ungarisch, Französisch, Spanisch, Arabisch, Englisch, Griechisch, Katalanisch und Friulanisch. Seine Wissensbegierde in Verbindung mit einem guten Projektmanagement, seine Sprachkompetenz und ein sehr hoher persönlicher Arbeitseinsatz waren charakteristisch für seine Erhebungstätigkeiten.

Nicht zuletzt wegen seiner finanziellen Unabhängigkeit nutzte er auch die Zuarbeit zahlreicher Mitarbeiter sowie kompetenter Auskunftspersonen und Führer vor Ort. Dadurch konnte eine bisher unerreichte Informationsfülle und Qualität des Grundlagenmaterials erreicht werden. Sein wissenschaftlicher Mitarbeiterstab umfasste dabei zwei Gruppen: „Die erste Gruppe bestand im Wesentlichen aus jenen Informanten, die in direktem Zusammenhang mit den „Tabulae" standen oder Material lieferten, welches von Salvator in den jeweiligen Werken verarbeitet wurde. Stellvertretend seien hier nur drei von vielen genannt, nämlich die beiden Mitarbeiter für den Bereich der Balearen, der sprachkundige Gelehrte und Historiker Francesco Manuel de Los Herreros, Schwager aus Valdemossa, Mallorca, der über 50 Jahre dem Institut der Balearen vorstand, sowie der Entomologe und Molluskenforscher aus Mahòn auf Menorca, Francesco Cardonay Orfila, und Guiseppe Pitrè, Arzt, Ethnologe, Linguist und Begründer des ethnographischen Museums in Palermo, der Spezialist für sizilianische Volkstradition, der Ludwigs umfassende Beschreibungen von Ustica und den Liparischen Inseln durch wertvolle Hinweise unterstützte." (Mader 2002)

Die zweite Gruppe hingegen wird von jenen Mitarbeitern gekennzeichnet, die Ludwig Salvator mit der Abfassung selbstständiger Beiträge betraute, die dann im Rahmen seiner Werke gesondert genannt erschienen. Diese waren beispielsweise der deutsche Käferexperte Ludwig W. Schaufuss,

Antonio Morzi, Professor der Botanik an der Universität in Palermo, Carlo Marchesetti (Botaniker und langjähriger Direktor des Triestiner Naturhistorischen Museums), Giuseppe Botti (Direktor des Archäologischen Museums in Alexandria und Leiter zahlreicher Ausgrabungen), Wilhelm Dörpfeld (Architekt, Archäologe und Mitarbeiter Heinrich Schliemanns auf Troja), der berühmte Höhlenforscher Charles Martell und der bekannte Mineraloge und Petrograf Friedrich Becke, Professor an den Universitäten von Prag und Wien und später Generalsekretär der Akademie der Wissenschaften in Wien.

3.2. Aufbau und Auswertung

Die Übersicht im Anhang 1 gibt erstmalig eine komplette Gliederung und Auflistung aller Fragen der „Tabulae Ludovicianae" in deutscher Sprache. Damit soll der Zugang zu den Informationen der „Tabulae" erleichtert werden. Hinzuweisen ist auf die Digitalisate der „Tabulae" in der Österreichischen Nationalbibliothek[7], um das Original gegebenenfalls für Details vergleichend zu Rate ziehen zu können (Abb. 1).

Die „Tabulae" bestehen aus 202 Doppelseiten mittlerer Papierqualität im Format 22 x 28 cm und sind beidseitig einfarbig schwarz bedruckt. Als Schrifttyp für die Fragen in deutscher Sprache wurde die damals übliche Frakturschrift und für die Fragen in französischer und italienische Sprache die Lateinschrift gewählt. Um die praktische Verwendbarkeit zu gewährleisten zu stellen und um die Auswertung

Abb. 1: Deckblatt der „Tabulae Ludovicianae", dem 202-seitigen Fragebogenkompendium des Erzherzogs Ludwig Salvator. Quelle: ÖNB/Wien, 120128 C.

zu erleichtern, waren die „Tabulae Ludovicianae" dreisprachig verfasst: Deutsch als Publikationssprache, Französisch als damals weltweite *lingua franca* im Bildungsbereich (vor allem in Nordafrika und der Levante) sowie Italienisch als Umgangssprache im Bereich des Adriatischen und Ligurischen Meeres.

Die „Tabulae Ludovicianae" bestehen aus einem Allgemeinen (Tafeln 1–94) und aus einem Speziellen Teil (Tafeln 95–100). Die Fragen des Allgemeinen

---

7   http://data.onb.ac.at/rec/AC08056176 (6.7.2017).

Teils betreffen Einzelmerkmale, während im Speziellen Teil regionale Zusammenfassungen gefragt werden. Charakteristisch sind der Detailreichtum und die Genauigkeit der Fragestellungen. Hierzu sind die Tafeln, wie im Anhang 1 näher erläutert, zunächst in 128 Fragenkomplexe (Themen und Themengruppen, mittig auf den Tafeln angeführt) gegliedert (Abb. 2). Herzstück der „Tabulae" sind die Fragen in Tabellenform, wobei die leeren Tabellenfelder in der Regel auch die rechten Seiten umfassen (Abb. 2 und 3). Wenn erforderlich, sind weitere Untergliederungen bis zu drei weiteren Ebenen vorgesehen (Abb. 4). Es ergeben sich damit insgesamt 815 Fragestellungen.

83.	Communicationsmittel. — Moyens de communication. — Mezzi di comunicazione.	
Fuhrwerke, Zahl derselben. Gewöhnlicher Tagpreis dafür, so der folgenden Rubriken, Postverbindung eingeschlossen.		
Rotables, leur nombre. Prix ordinaire journalier ainsi que des rubriques suivantes, incluses les communications postales.		
Rotabili, loro numero. Prezzo ordinario giornaliero come pure delle seguenti rubriche, incluso le comunicazioni postali.		
Last- und Zug-Thiere, ihre Zahl.		
Animaux de somme et trait, leur nombre.		
Bestie da soma e da tiro, loro numero.		
Transportschiffe, ihre Zahl.		
Bateaux de transport, leur nombre.		
Bastimenti di trasporto, loro numero.		

Abb. 2: Muster einer Standardtafel der dreisprachigen „Tabulae Ludovicianae" (deutsch, französisch, italienisch): Tafel 83 Communicationsmittel (Fuhrwerke, Lastthiere, Transportschiffe). Quelle: ÖNB/Wien, 120128 C.

Die ausgefüllten „Tabulae" bildeten in Verbindung mit den zahlreichen Skizzen und Bildern des Erzherzogs das Grundlagenmaterial für die Publikationen in Form von aufwendigen Prachtbänden. Dazu finden sich viele interessante Details in der Literatur sowie auf der Homepage der Ludwig-Salvator-Gesellschaft (http://www.ludwig-salvator.com).

3.3. Korrelationen zu den heutigen Wissenschaftsdisziplinen

Neben einer Bestandsaufnahme der Fragen in den Tafeln der „Tabulae Ludovicianae" ist es reizvoll, die Fragen mit den derzeitigen Wissenschaftsdisziplinen zu vergleichen. Damit kann das breite Arbeitsspektrum des Erzherzogs aufgezeigt werden. Hierzu bietet sich die von der Organisation für wirtschaftliche Zusammenarbeit und Entwicklung (OECD) festgesetzte Systematik von Wissenschaftszweigen (Frascati-Manual 2002) an.

Mit aktuellem Stand (01.07.2015) der Wissenschaftszweige-Gliederung gemäß ÖFOS 2012[8], der österreichischen nationalen Version der „Fields of Science and Technology (FOS) Classification", werden in der Klassifikationsdatenbank der Statistik Austria folgende Elemente (= Hauptgruppen der Wissenschaften) ausgewiesen: 1 = Naturwissenschaften, 2 = Technische Wissenschaften, 3 = Humanmedizin, Gesundheitswissenschaften, 4 = Agrarwissenschaften, Veterinärmedizin, 5 = Sozialwissenschaften und 6 = Geisteswissenschaften. Eine weitere Unterteilung der Hauptgruppen erfolgt in Gruppen, Untergruppen sowie Arbeitsgebieten/Schlagworten (= „Sechssteller").

Im Anhang 2 sind die für die Korrelationen zu den „Tabulae" relevanten 66 ÖFOS-Wissenschaftsdisziplinen ausgewiesen. Das zeigt die Multidisziplinarität der „Tabulae", die weit über die klassischen Arbeitsgebiete der Geografie hinaus geht. Die Zuordnung erfolgte dabei nur zu den Arbeitsgebieten/Schlagworten, wobei Mehrfachnennungen möglich sind. Nur wo keine Entsprechung ausgewiesen ist, wird die übergeordnete Untergruppe angegeben, wie zum Beispiel beim Verkehr.

Bei den FOS-Zuordnungen musste festgestellt werden, dass die Fülle und Breite der „Tabulae" nur unzureichend im Frascati-Manual abgebildet sind. Hier wurden erhebliche Defizite bei der gegenwärtigen FOS- und ÖFOS-Versionen Stand 2015 festgestellt, was Systematik und Realitätsnähe von Wissenschaft und Forschung in Österreich und Europa anbelangt. Man erkennt deutlich ein gewachsenes System, entwickelt von Verwaltungsbeamten und Technikern, das lediglich administriert und nicht zukunftsorientiert dem Stand von Wissenschaft und Technik entsprechend gestaltet wird. Es wird daher als eines der geistigen Vermächtnisse des Erzherzogs angesehen, Weiter-

---

8   Klassifikationsdatenbank der Statistik Austria:
    http://www.statistik.at/web_de/klassifikationen/index.html (6.7.2017).

entwicklungen der FOS anzuregen, um die heutigen komplexen Wissenschaftslandschaften besser abbilden zu können.

3.4. Würdigung der „Tabulae" und Verbleib des Grundlagenmaterials

84   Handel. — Commerce. — Commercio.

Natur- und landwirthschaftliche Erzeugnisse. Produits naturels et d'agriculture. Prodotti naturali e agricoli.	Ihr gewöhnlicher Werth. Leur prix ordinaire. Loro prezzo ordinario.	Eingeführte Artikel, woher sie kommen. Ihr Werth. Articles importés, d'où ils viennent, leur valeur. Articoli importati, da dove vengono, loro valore.				Ausgeführte Arti... Articles expo... Articoli espor...
		Waarenverkehr auf ungewissen Verkauf. Commerce de marchandises pour vente incertaine. Traffico di mercanzie a vendita incerta.	Waarenverkehr auf gewissen Verkauf. Commerce de marchandises pour vente certaine. Traffico di mercanzie per vendita sicura.	Waarenverkehr zur Zubereitung. Commerce de marchandises pour préparation. Traffico di mercanzie per preparazione.	Waarenverkehr auf ungewissen Verkauf. Commerce de marchandises pour vente incertaine. Traffico di mercanzie a vendita incerta.	
Colonialwaaren. Colonials. Coloniali.						
Obst. Fruits. Frutta.						
Tabak. Tabac. Tabacco.						
Oele. Huiles. Olii.						
Getreide und sonstige Feld- und Garten-Erzeugnisse. Blé et autres produits des champs et jardinage. Grano e altri prodotti di campo e giardinaggio.						
Getränke. Boissons. Bevande.						
Fische und sonstige Wasserthiere. Poissons et autres animaux aquatiques. Pesci o altri animali aquatici.						
Geflügel und Wildpret. Volaille et gibier. Pollame e selvaggina.						
Schlachtvieh. Animaux de boucherie. Animali da macello.						
Thierische Produkte zum Genusse. Produits animals, pour aliments. Prodotti animali per alimento.						
Zug- und Saumthiere. Animaux de trait et somme. Animali da tiro e soma.						

Abb. 3: Auszug einer aufwendigeren Tafel in Form einer Kreuztabelle der „Tabulae Ludovicianae": Tafel 85 Handel. Quelle: ÖNB/Wien, 120128 C.

Verbrechen aus Gewinnsucht. — Crimes pou

Verbrechen, deren Thäter in Untersuchung gezogen wurden. — Crimes, dont le

Inquisiten, die früher wege
Accusés, qui furent aupar:
Inquisiti, che furono pr:

noch nicht verurtheilt worden waren.	schon einmal verurthe
pas encore condamnés.	déjà une fois
non ancora condannati.	già una voltá

Männlich.		Weiblich.		Männlich.	
Hommes.		Femmes.		Hommes.	
Uomini.		Donne.		Uomini.	
Ehelich.	Unehelich.	Ehelich.	Unehelich.	Ehelich.	Unehelich.
Légitimes.	Illégitimes.	Légitimes.	Illégitimes.	Légitimes.	Illégitimes.
Legittimi.	Illegittimi.	Legittimi.	Illegittimi.	Legittimi.	Illegittimi.
Altersstufen.	Altersstufen.	Altersstufen.	Altersstufen.	Altersstufen.	Altersstufen.
Ages.	Ages.	Ages.	Ages.	Ages.	Ages.
Etá.	Etá.	Etá.	Etá.	Etá.	Etá.
Die lesen und schreiben oder wenigstens lesen können.	Die weder lesen noch schreiben können.	Die lesen und schreiben oder wenigstens lesen können.	Die weder lesen noch schreiben können.	Die lesen und schreiben oder wenigstens lesen können.	Die weder lesen noch schreiben können.
Qui savent écrire ou au moins lire.	Qui ne savent lire ni écrire.	Qui savent écrire ou au moins lire.	Qui ne savent lire ni écrire.	Qui savent écrire ou au moins lire.	Qui ne savent lire ni écrire.
Che sanno scrivere o almeno leggere.	Che non sanno leggero ne scrivere.	Che sanno scrivere o almeno leggere.	Che non sanno leggere ne scrivere.	Che sanno scrivere o almeno leggere.	Che non sanno leggere ne scrivere.

Abb. 4: Eine der beiden ganzseitigen hochkomplexen Tafeln der „Tabulae Ludovicianae" und einzigen auf einer rechten Seite sich befindlichen: Tafel 31 Verbrechen aus Gewinnsucht. Quelle: ÖNB/Wien, 120128 C.

r cupidité. — Delitti per cupidigia.

; coupable fut examiné. — Delitti, dei quali il reo fu tratto in esame.

tu eines Verbrechens:
avant pour un crime:
ima per un delitto:

Linke Seite:

ilt worben waren.
condamnés.
condannati.

schon 2 ober mehrere Male verurtheilt worben waren.
déjà 2 ou plusieurs fois condamnés.
già 2 o piú volte condannati.

Weiblich. Femmes. Donne.		Männlich. Hommes. Uomini.		Weiblich. Femmes. Donne.	
Ehelich. Légitimes. Legittimi.	Unehelich. Illégitimes. Illegittimi.	Ehelich. Légitimes. Legittimi.	Unehelich. Illégitimes. Illegittimi.	Ehelich. Légitimes. Legittimi.	Unehelich. Illégitimes. Illegittimi.
Altersstufen. Ages. Etá.	Altersstufen. Ages. Etá.	Altersstufen. Ages. Etá.	Altersstufen. Ages. Etá.	Altersstufen. Ages. Etá.	Altersstufen. Ages. Etá.
Die lesen und schreiben oder wenigstens lesen können. Qui savent écrire ou au moins lire. Che sanno scrivere o almeno leggere.	Die weder lesen noch schreiben können. Qui ne savent lire ni écrire. Che non sanno leggere ne scrivere.	Die lesen und schreiben oder wenigstens lesen können. Qui savent écrire ou au moins lire. Che sanno scrivere o almeno leggere.	Die weder lesen noch schreiben können. Qui ne savent lire ni écrire. Che non sanno leggere ne scrivere.	Die lesen und schreiben oder wenigstens lesen können. Qui savent écrire ou au moins lire. Che sanno scrivere o almeno leggere.	Die weder lesen noch schreiben können. Qui ne savent liro ni écrire. Che non sanno leggere ne scrivere.

Spaltenbeschriftungen (für jede Gruppe wiederholt):

- Verurtheilt zu: / Condamnés à: / Condannati a:
- Ganglich. / Entièrement. / Intieramente.
- Ab instantia.
- Morts, enfuis ou confiés à d'autres tribunaux. / Gestorben, entwichen ob. an hern Gerichten übergeben. / Morti, fuggiti o consegnati a altri tribunali.
- Losgesprochen. / Déclarés innocents. / Dichiarati innocenti.

77

Wie wichtig solche alten Landeskunden wie etwa die Bücher von Erzherzog Ludwig Salvator auf der Grundlage der „Tabulae Ludovicianae" heute sein können, zeigt seine Arbeit über die südlichste der Ionischen Inseln, Zakynthos/Zante. Durch das Erdbeben von 1993 wurden dort fast sämtliche Archivalien vernichtet. Einzig die von ihm wie üblich als Prachtband publizierte Monografie gibt eine recht anschauliche und detailreiche landeskundliche Übersicht über die Insel am Ende des 19. Jahrhunderts.

Nur einige wenige ausgefüllte Exemplare der „Tabulae Ludovicianae" haben sich auf Mallorca erhalten. Sie zeugen einerseits vom Fleiß und von der Gewissenhaftigkeit der Informanten, andererseits vom großen Arbeitsaufwand bei der Auswertung.

Zu bedenken ist, dass die Auswertung, Kompilierung und Umsetzung der „Tabulae" in Texte für die Publikationen damals handschriftlich und ohne technische Hilfsmittel erfolgte. Der hohe Arbeitsaufwand und die Umständlichkeit sind für uns heute durch die informations- und kommunikationstechnischen Fortschritte der letzten Jahrzehnte schwer nachvollziehbar, weil wir diesbezüglich sehr verwöhnt sind.

Das gesamte Archivmaterial zum Lebenswerk, neben den zahlreichen ausgefüllten „Tabulae" vor allem die Tagebücher und die zahlreichen Originalskizzen des Erzherzogs, ist leider verschollen. Es ging vermutlich in den Kriegswirren des Ersten Weltkriegs verloren. Bei seiner Flucht nach Ausbruch des Ersten Weltkriegs, von seinem Landstützpunkt und Hauptwohnsitz Villa Zindris bei Muggia im Großraum Triest, konnte er, bereits schwerkrank, nur ganz wenige persönliche Unterlagen zunächst nach Görz und 1915 nach dem Kriegseintritt Italiens weiter nach Brandeis an der Elbe mitnehmen.

4. Geografisch-landeskundliches Schema

Parallel und unabhängig von den Arbeiten Erzherzogs Ludwig Salvators beschäftigten sich in der zweiten Hälfte des 19. Jahrhunderts zahlreiche Geografen im akademischen Bereich mit der geografischen Landeskunde. Dieser Zusatz geografisch ist erforderlich, um eine Unterscheidung von der auch schon damals bestehenden „historischen Landeskunde" sicherzustellen. Die geografische Landeskunde, Hauptarbeitsgebiet des Erzherzogs, beschäftigt sich mit der Erforschung kleinräumiger Regionen, während bei der (geografischen) Länderkunde die Staaten (Einzelstaaten oder bestimmte Staatengruppen) Forschungsgegenstand sind. Als Erdkunde wurde damals das Fach synonym zu Geografie und vor allem die planetarische und kontinentale geografische Sicht bei geografischen Publikationen bezeichnet.

Unter der geografischen Landeskunde wurden, sehr weit gefasst, sämtliche Forschungen zu Land und Leuten eines bestimmten naturräumlich (z. B. Insel) oder verwaltungsmäßig (z. B. Staat, Land, Bezirk, Gemeinde) definierten Gebietes verstanden. In Titeln von damaligen Arbeiten findet man oft auch die Bezeichnung „Landes- und Volkskunde" oder „Länder- und Völkerkunde", um diesen natur- und kulturgeografischen Ansatz (Physiogeografie und Anthropogeografie) zu dokumentieren.[9]

Vertreter dieses geografisch-methodischen Ansatzes waren die berühmten Geografen des späten 19. und frühen 20. Jahrhunderts, wie zum Beispiel Friedrich Ratzel, Joseph Partsch, Norbert Krebs und Albrecht Penck. Charakteristisch war die Entwicklung eines landes-/länderkundlichen Schemas mit Auflistung und Beschreibung der einzelnen Geofaktoren. Das hatte der Erzherzog mit seinen „Tabulae" nicht nur vorweggenommen, sondern wesentlich detaillierter bereits vom methodischen Forschungsansatz her in seinen Feldforschungen und Publikationen realisiert. Eine direkte Beeinflussung kann vermutet werden, ist aber aus heutiger Literaturkenntnis nicht nachvollziehbar.

Thematische Karten waren nicht nur ein integraler Bestandteil der akademisch-wissenschaftlichen landeskundlichen Arbeiten, sondern auch bei Erzherzog Ludwig Salvator. Einer der ersten Regionalatlanten war in Deutschland der „Rhein-Mainische Atlas für Wirtschaft, Verwaltung und Unterricht" aus 1929 und in Österreich der „Burgenlandatlas". Dieser wurde bereits in der Zwischenkriegszeit als Beitrag zum neuen Landesbewusstsein des jüngsten Bundeslandes der Republik Österreich erstellt, aber interessanterweise erst 1941 publiziert, als es in dieser Form nicht mehr existierte.

Die eigenständigen Überlegungen und Entwicklungen zur Landschaftslehre in den sozialistischen Staaten, wie von Ernst Neef in der Deutschen Demokratischen Republik, haben fast keinen Niederschlag im Westen gefunden, obwohl sie hinsichtlich der Systematik und Definitionen hervorragend waren. Auch hier dürften bildungspolitische Befindlichkeiten eine Rolle gespielt haben.

In Deutschland und Österreich gab es in der Nachkriegszeit, nicht zuletzt aufgrund des hohen Stellenwertes der militärischen Geo-Dienste der Deutschen Wehrmacht im Zweiten Weltkrieg, eine Hochblüte der geografischen Landeskunde und Länderkunde. Kennzeichnend war die Perfektionierung des „Landeskundlichen Schemas", um Landes- und Länderkunde besser lehr- und lernbar zu machen.

Das wurde nicht zu Unrecht vor allem von Studierenden kritisch gesehen, weil die vielen damals virulent gewordenen sozialgeografischen Fragen im Rahmen der Gesellschaftspolitik von den oben genannten Vertretern nur un-

---

9   Die Begriffe „Volkskunde" und „Völkerkunde" werden heute kritisch gesehen und führen daher ein Nischendasein.

zureichend behandelt wurden. Es kam daher zu einem Paradigmenwechsel in der Geografie in den 1960er-Jahren, weg von der deskriptiven und weitgehend deterministischen Raumbeschreibung hin zu sozialwissenschaftlich geprägten Raumvorstellungen und Modellierungen. Das ist bis heute Stand in Forschung und Lehre an den deutschsprachigen Universitäten.

Neue Entwicklungen aufgrund eines konkreten Bedarfs könnten aber zu einer Wiederbelebung der Landeskunde/Länderkunde (vermutlich unter einem anderen Namen) auch im akademischen Bereich führen. So besteht ein Bedarf vonseiten der Nationalökonomie für ein besseres globales Wirtschaftsverständnis und für internationale Produktplanungen durch Portfolioanalysen sowie von der Regionalgeographie als Grundlage für Detailforschungen.[10] Auch aus dem Bereich der Geopolitik und „Grand Strategy" werden durch die neuen vernetzten Sicherheitsarchitekturen von Regierungs- und Nicht-Regierungs-Organisationen in Form des Sicherheits-Geowesens/Security Geocomplex Wege zum besseren Verständnis von Land und Leuten angedacht. Ein konkreter Bedarf besteht unter anderem bei der gemeinsamen Außen- und Sicherheitspolitik (GASP) der Europäischen Union. Völlige Fehleinschätzungen und Fehlbeurteilungen im Bereich der Außen- und Sicherheitspolitik (z. B. Vorderer Orient, Ukraine, Flüchtlingsströme nach Europa …) sowie der Integrationspolitik durch die westlich-orientierte internationale Staatengemeinschaft sind neben anderen Ursachen auf einen eklatanten Mangel an landes- und länderkundlichen Kenntnissen zurückzuführen.

5. Geografische Informationstechnologie

Die aufgezeigten (Fehl)Entwicklungen sind an die Herausforderungen der Informationsgesellschaft des dritten Jahrtausends gekoppelt. Die neuen Informations- und Kommunikationstechniken haben natürlich auch gravierende Auswirkungen auf die Datengewinnung (z. B. Erdbeobachtungssatelliten mit komplexer Sensorik), Datenverarbeitung und Informationsbereitstellung. So schön Technikgläubigkeit ist, so ernüchternd limitiert sind die Möglichkeiten bei Konflikt- und Katastropheneinsätzen, wenn beispielsweise durch Stromausfälle nach einem Tsunami kein Smartphone funktioniert und man mit einer aktuellen Satellitenbildkarte aus der Heimat ohne Straßennamen durch eine Küstenstadt irrt und froh wäre, einen guten alten Stadtplan zu Hand zu haben. Hier werden neue Konzepte entwickelt, wie eine optimale Informationsbereitstellung in digitaler Form unter anderem durch geografische

---

[10] Vgl. die treffende Einschätzung von K. Husa 2011, S. 435. Wider den Zeitgeist in der Geografie erfreuen sich kürzlich erschienene voluminöse landeskundliche Monografien wie von Martin Seger (wie der Erzherzog Träger der Franz-von-Hauer-Medaille der Geographischen Gesellschaft) über Kärnten oder von Werner Bätzing (Erlangen) über die Alpen großer Wertschätzung.

Informationstechnologien (GIT) erfolgen sollte. Bedauerlicherweise ist ein Auseinanderdriften von GIT und Geografie zu bemerken, weil es schwierig ist, dem rasanten technischen Fortschritt der GIT zu folgen.

Vorläufer der „Digitalen Revolution" waren zunächst die Formalisierung und Verarbeitung von numerischen Daten in Form von Lochkarten seit 1928 (Hollerith-Karten). Eine breite Verwendung erfolgte aber erst mit dem Siegeszug der Großcomputer seit den Sechzigerjahren.

Dazu sei beispielhaft auf das interministerielle Großprojekt des österreichischen Bundesamts und des österreichischen Bundesministeriums für Eich- und Vermessungswesen und das Bundesministerium für Justiz zur Digitalisierung des Katasters und die der Grundstücksdatenbank aus dem Jahr 1982 hingewiesen. Das Projekt steht derzeit in Implementierung, und Pilotversuche für den Echtzeitbetrieb laufen, womit Österreich hier beispielgebend für die Europäische Union sein könnte. Die Finanzprobleme in Süd- und Südosteuropa sind nicht zuletzt auf das Fehlen eines digitalen Mehrzweckkatasters und einer elektronischen Grundstücksdatenbank zurückzuführen, weil es dadurch keine Rechtssicherheit an Grund und Boden und kein Grundsteuersystem gibt. Wo wir wieder bei den „Tabulae" angekommen sind, mit deren Hilfe diese Geofaktoren bereits penibel erhoben wurden.

Technische Verbesserungen im geografischen Informationstechnologiebereich gab es ab Mitte der 1970er-Jahre in Form von Magnetbändern und Magnetdisketten sowie durch Trommel- und Flachbettplotter für Großformate in der topografischen und thematischen Kartografie.

Für die Datenerfassung im Gelände, die Kartierung natürlicher Ressourcen und die Erfassung von Veränderungen auf der Erdoberfläche war die Entwicklung von tragbaren EDV-Geräten (Notebooks sind seit 1986 im Handel) sowie die Entwicklung der Fernerkundung mittels Erdbeobachtungssatelliten (Landsat 1972) sehr hilfreich.

Die tatsächliche „Digitale Revolution" ist seit Mitte der 1990er-Jahre durch den Siegeszug der Heimcomputer im Gange. Der endgültige Durchbruch erfolgte aber erst durch die Gründung von Facebook (2004) durch den Harvard Studenten Mark Zuckerberg, von Twitter (2006) durch Jack Dorsey sowie von ähnlichen Kommunikationsplattformen.

Die weltweite intensive Nutzung der sozialen Medien (allein 304 Millionen aktive Twitter-Accounts Mitte 2015) hat sich seit der Etablierung von Smartphones (Apple iPhone 2007) oder Tabletcomputer (Apple iPad 2010) durchgesetzt. Die Trennung zwischen Informationsbereitstellern und Informationskonsumenten hat sich dadurch verwischt, was erhebliche Auswirkungen auf Wissenschaft und Forschung, aber auch auf Wirtschaft, Verwaltung, Politik und Gesellschaft hat.

Diese Umbrüche werden durchaus positiv gesehen. Es ist nämlich eine Renaissance der Geografie als Koordinator bei inter- und multidisziplinären Projekten zu erwarten. Es wird als geistiges Vermächtnis des Erzherzogs angesehen, eigenständig nach neuen Wegen zu suchen und optimal Geoinformationen aller Art zu strukturieren und zu harmonisieren sowie gezielt für bestimmte Anwendergruppen bereitzustellen. Das wird ohne intensive Erhebungstätigkeiten oder Verifikationen im Gelände nicht möglich sein, wobei uns heute zum Glück zahlreiche technische Hilfsmittel zur Verfügung stehen. Aufwendig und schweißtreibend wie früher bei der Anwendung der „Tabulae" werden derartige geografische und landschaftsökologische Arbeiten aber immer sein.

6. Landschaftsökologie

Unter Landschaftsökologie verstehen wir heute in Kontinentaleuropa,[11] ganz im Sinne des Erzherzogs Ludwig Salvator, eine eigenständige Subdisziplin der Geografie, die sich im Rahmen einer gesamtheitlichen Sicht mit dem Wirkungsgefüge der Lebensgrundlagen und allen Lebensformen, einschließlich des Menschen, in einem bestimmten Raum beschäftigt. Durch den Raumbezug ist damit die Landschaftsökologie Forschungsgegenstand der Geografie.

Mit seiner Weitsicht, dass nicht nur mit materiellen Gütern, sondern auch mit Natur und Landschaft sorgsam umgegangen werden muss, um eine Ausdünnung oder einen Verlust zu verhindern, war Ludwig Salvator einer der Vordenker der Ökologiebewegung des 20. Jahrhunderts. Damit war er seiner Zeit weit voraus. Sein Zugang war aber kein naturwissenschaftlich-analytischer, sondern eher ein naturphilosophischer. Er sah den Menschen als Teil der Natur, aber auch in der Pflicht, behutsam mit dem natürlichen Erbe umzugehen. Sehr deutlich kommen diese Gedanken in seinem Werk „Sommerträumereien am Meeresufer" (1912) zum Ausdruck, lesenswert und intellektuell anregend rezipiert 2003 von der Künstlerin Ginka Steinwachs.

100 Jahre nach Ludwig Salvators Tod sind zum Glück Ökologie und Nachhaltigkeit für viele Menschen bereits ein Anliegen. Von der zweiten Hälfte des 19. Jahrhunderts bis zum Ersten Weltkrieg, der Schaffenszeit des Erzherzogs, waren Umweltschutz und ökologisches Denken jedoch der Politik und Gesellschaft fremd. Er war einer der ersten Botschafter der Verhältnismäßigkeit unter Rücksichtnahme auf die Natur.

Durch seine Studien, aber vor allem durch das Naturerlebnis bei seinen Feldforschungen unter der sengenden Mittelmeersonne in Erfüllung der selbst gesteckten Ziele gemäß den „Tabulae", hatte er einen sehr bodenständigen Zugang zu seinem Forschungsobjekt. Diesen multidisziplinären Zugang und vor

---

[11] Im angelsächsischen Raum ist die Landschaftsökologie eine Subdisziplin der Biologie.

allem auch die Verantwortung unserer Mitwelt[12] gegenüber möglichst vielen Mitmenschen zu vermitteln, wird ebenfalls als sein Vermächtnis angesehen.

7. Forschung als Friedensdividende

In unserer zerrissenen multipolaren Welt mit großen ökosozialen Disparitäten kann und sollte wissenschaftliche Forschung nicht nur auf Erkenntnisgewinn ausgerichtet sein. Wir sollten uns auch der gesellschaftspolitischen Verantwortung den Mitmenschen und der Mitwelt gegenüber bewusst sein. Das kann einerseits im Rahmen von Politikberatung erfolgen, aber auch durch eine gelebte Forschungspartnerschaft über Staats- und Kulturgrenzen hinweg.

Das Leben und Vermächtnis des Erzherzogs Ludwig Salvator kann dadurch auch ein Beispiel nicht nur für die interdisziplinäre, sondern auch im Sinne seines regionalen Forschungsschwergewichtes für die interkontinentale wissenschaftliche Zusammenarbeit im Mittelmeerraum geben. Die Großregion rund um das Mittelmeer mit seinen Inseln und küstennahen Festlandregionen dreier Kontinente umfasst Südeuropa, Vorderasien und Nordafrika. Der Mittelmeerraum (Mediterraneum) lässt sich je nach Fragestellung nach physisch-geografischen, politischen, klimatologischen, biogeografischen und kulturellen Gesichtspunkten genauer abgrenzen.

Das Mittelmeer war in Ludwig Salvators Selbstverständnis Becken europäischer Zivilisation und Entwicklung seit der Antike. Er empfand das Mittelmeer daher nicht als trennend, sondern verbindend und vermittelnd im wahrsten Sinne des Wortes. Neue vergleichende Erhebungen auf den Spuren des Erzherzogs, selbstverständlich auf einer aktuellen methodologischen Basis, wären eine lohnende wissenschaftliche Aufgabe.

Eine derartige interdisziplinäre und interkontinentale Forschung als Friedensdividende im politisch sensiblen Mittelmeerraum könnte zum Beispiel mit einem „Europäischen Forschungsschiff Nixe III" erfolgen. Ein solches wäre entweder als modernes Diesel-Segelschiff in Form eines äußerlich ähnlichen Nachbaues der Nixe I und Nixe II des Erzherzogs (mediale Auffälligkeit und Unverwechselbarkeit garantiert) oder als ökologisch beispielgebende schiffstechnische Neuentwicklung denkbar.

Herzstück der Wissenschaftskooperation im Mittelmeerraum muss ein europäisches Mittelmeerforschungszentrum sein. In diesem laufen die Forschungsergebnisse zusammen, und es ist Drehscheibe für das Management der einzelnen ambitionierten und komplexen sowie interdisziplinären und internationalen gemeinsamen Forschungsprogramme. Dazu gibt es bereits ei-

---

12 Vom Ehrenmitglied der Österreichischen Geographischen Gesellschaft Prof. Dr. Gertraud Repp (* 1915, † 2009) geprägter Begriff in Erweiterung der ökosozialen Verantwortung des Menschen über den anthropozentristischen Umweltbegriff hinaus.

nen Ansatz an der Ruhr-Universität Bochum in Form des Zentrums für Mittelmeerstudien[13] und der Société Internationale des Historiens de la Méditerranée. Beide sind aber stark kulturwissenschaftlich ausgerichtet. Dies wurde bereits 2004 in Österreich von der Ludwig-Salvator-Gesellschaft und 2007 von Brigitta Mader in ihrem Aufsatz „Ludwig Salvators Tabulae Ludovicianae – Vom Museum auf Papier zur Datenbank Mittelmeer" thematisiert (Mader 2007).

Eine derartige Notwendigkeit für eine interkontinentale Zusammenarbeit im Mittelmeerraum wurde von den Eliten in Südeuropa und dann von der Europäischen Union (EU) erkannt. Mit der im November 1995 in Barcelona gegründeten Europa-Mittelmeer-Partnerschaft der EU wurde ein Rahmen für eine umfassende Zusammenarbeit mit den Mittelmeerländern geschaffen. Diese internationale Zusammenarbeit ist aber noch stark ausbaufähig. Für den Sicherheitsbereich in diesem Raum bestand schon seit 1984 der Mittelmeer-Dialog[14] im Rahmen der Nordatlantischen Verteidigungs-Organisation (NATO). Neben den NATO-Mitgliedsstaaten zählen zu diesem auch sechs arabische Staaten sowie Israel. Durch die politischen und sozioökonomischen Umbrüche im Vorderen Orient und in Afrika nach dem Scheitern des Arabischen Frühlings und der rapiden Verschlechterung der Lebensbedingungen von Millionen von Menschen durch ökologisches und ökonomisches Fehlverhalten wurden Migrationsströme Richtung Europa ausgelöst. Diese Schlepperkriminalität nach den beiden spanischen Enklaven Ceuta und Melilla in Marokko, nach der italienischen Insel Lampedusa sowie über die griechischen Inseln und die Balkanroute nach Mitteleuropa stellt derzeit (2015) eine große Herausforderung für die EU dar. In dieses von Ängsten und Sicherheitsinteressen geprägte Bild passt auch die 2004 gegründete Europäische Agentur für die operative Zusammenarbeit an den Außengrenzen der Mitgliedsstaaten der EU, kurz Frontex[15] genannt.

Wenn man den hohen Aufwand und das Kosten-Nutzen-Verhältnis dieser Organisationen mit der angeregten Wissenschaftskooperation im Mittelmeerraum vergleicht, so sollten ein EU-Forschungsschiff und ein Mittelmeerraum-Forschungszentrum kein Problem sein. Eine Friedensdividende ist dabei offensichtlich.

Das entspricht auch ganz dem Vermächtnis von Erzherzog Ludwig Salvator, der vor allem im fortgeschrittenen Alter ein überzeugter Pazifist war und unter anderem die Friedensaktivistin Berta von Suttner großzügigst unterstützte.

---

[13] http://www.zms.ruhr-uni-bochum.de/forschung/profil/index.html.de (6.7.2017).

[14] http://www.nato.int/cps/en/natolive/topics_52927.htm (6.7.2017).

[15] Akronym für französisch „frontières extérieures" (Außengrenzen) http://frontex.europa.eu/ (6.7.2017).

8. Schlussbemerkung

Durch seine durchgehenden multi- und interdisziplinären Feldforschungen im gesamten Mittelmeerraum über einen Zeitraum von mehr als 40 Jahren und durch seine zahlreichen geografisch-landeskundlichen Monumentalwerke auf der methodischen Grundlage der von ihm entwickelten „Tabulae Ludovicianae" hat sich Erzherzog Ludwig Salvator bereits zu Lebzeiten ein Denkmal gesetzt.

Wie in den vorangegangenen Kapiteln erläutert, hat er sich mit seinen bahnbrechenden Arbeiten sowie durch seine kosmopolitische Weitsicht hinsichtlich Landschaftsökologie und Friedensbewegung bleibende Verdienste erworben. Bedauerlicherweise ist sein Lebenswerk durch die politischen und gesellschaftlichen Umbrüche nach seinem Tod weitgehend in Vergessenheit geraten.

Um so verdienstvoller ist es, dass die Ludwig-Salvator-Gesellschaft[16] schon seit mehr als zehn Jahren mit einer ganzheitlichen Sicht und die Österreichische Akademie der Wissenschaften mit dem gegenständlichen Ludwig-Salvator-Symposion 2015 aus wissenschaftlicher Sicht der interessanten Forscherpersönlichkeit und dem Polyhistor aus dem Hause Habsburg gedenkt. Lediglich auf den Balearen, insbesondere in jüngster Zeit, ist der „Archiduque" bis heute unvergessen. Dies nicht zu unrecht in bewusster Rückbesinnung auf viele seiner vorausschauenden und beispielhaften Initiativen im ökologischen, sozioökonomischen, kulturellen und touristischen Bereich.

Die Österreichische Geographische Gesellschaft wird seinem Ehrenmitglied (1875) und Träger der Franz-von-Hauer-Medaille (1898), „Seiner kaiserlichen und königlichen Hoheit Ludwig Salvator, Erzherzog von Österreich und Prinz von Toskana", dem vielfältigen angewandten Geografen, Seemann, Landwirt, Ökologen, Ozeanografen, Literaten, Künstler und Menschenfreund ebenfalls stets ein ehrendes Gedenken bewahren.

9. Literatur

Fasching, G. L. 2012. „Ladislaus E. von Almásy (1895–1951). Versuch einer Annäherung." In *Schwimmer in der Wüste. Auf den Spuren des „Englischen Patienten" Ladislaus Eduard von Almásy*, herausgegeben von M. Weese, 17–47. Eisenstadt: Amt der Burgenländischen Landesregierung.

Husa, K. 2011. „Vorlaufer Karl (2009), Südostasien – Geographie, Geschichte, Wirtschaft, Politik." Buchbesprechung in *Mitteilungen der Österreichischen Geographischen Gesellschaft* 153: 435.

---

16 Gegründet und geleitet vom Wiener Rechtsanwalt Dr. Wolfgang Löhnert
http://www.ludwig-salvator.com.

Kleinmann, H.J. 1991. „Erzherzog Ludwig Salvator. Mallorcas ungekrönter König." Graz: Styria-Verlag.

Kretschmer, I. und G. L. Fasching, Hgs. 2006. „Österreich in der Welt, die Welt in Österreich. Chronik der Österreichischen Geographischen Gesellschaft 150 Jahre (1856–2006)." Wien: Österreichische Geographische Gesellschaft.

Löhnert, W. 2014. „Erzherzog Ludwig Salvator." Wien: Ludwig-Salvator-Gesellschaft.

Mader, B. 2002. „Erzherzog Ludwig Salvator. Ein Leben für die Wissenschaft." Wien: Österreichisches Staatsarchiv.

Mader, B. 2007. „Ludwig Salvators Tabulae Ludovicianae. Vom Museum auf Papier zur Datenbank Mittelmeer." In *Mitteilungen der Anthropologischen Gesellschaft in Wien* 136/137: 261–281.

Repp, G. 1984. „Umwelt – Mitwelt. Ein Denkmodell für Ökologen." *Verhandlungen der Gesellschaft für Ökologie*, Bd. XII.

[Salvator, L.] 1869. „Tabulae Ludovicianae." Prag: Selbstverlag.

Salvator, L. und G. Steinwachs. 2003: „Sommerträumereien am Meeresufer 1912/2003." Wien: Passagen-Verlag.

Schwendinger, H. 1991. „Erzherzog Ludwig Salvator. Der Wissenschaftler aus dem Kaiserhaus. Die Biographie." Wien: Amalthea.

Anhang 1

„Tabulae Ludovicianae"

Spalte 1 =   Laufende Nummer (aus Dokumentionsgründen) der Einzelfragen gemäß dem Fragenkompendium der „Tabulae Ludovicianae".

Spalte 2 =   Tafelnummer 1–100 links und rechts auf jeder Seite gemäß den gedruckten „Tabulae Ludovicianae" (Prag 1869). Die Fragen sind in umrahmten Feldern immer auf der linken Seite der Tafel angegeben, während die auf der rechten Seite fortgesetzten Fragenfelder, bis auf eine Ausnahme *[51 Verbrechen]*, keine Texte enthalten. Das Schmutztitelblatt *[1 rechts]*, das Zwischentitelblatt *[95 links und rechts]* sowie die Schlussbemerkung *[101 links]* haben keine Paginierung. Die Unterteilungen von mehreren Fragen auf einer Tafel sind zur besseren Dokumentation und Zuordnung mit Buchstaben a, b, c ... n durch den Autor gekennzeichnet.

Spalte 3 =   Frage in deutscher Sprache in der Originalrechtschreibung (in den „Tabulae" mit Frakturschrift). Für den Wortlaut der Fragen in französischer und italienischer Sprache siehe die Scans der Originaltafeln[17]. Im Gegensatz zu den „Tabulae" im Original (dort mit Groß- und Kleinbuchstaben mittig auf der Tafel) erfolgt die Angabe der 130 Fragenkomplexe (Einzelfragen und Fragengruppen) zur leichteren Erkennbarkeit der Gliederung der „Tabulae" in Fettdruck. Erläuterungen oder Kommentare des Autors zum besseren Verständnis der Fragestellung oder zur Rechtschreibung sind in eckiger Klammer und kursiver Schrift ergänzt.

Spalte 4 =   Zuordnung der „Tabulae"-Fragen oder -Fragengruppe zur heutigen Gliederung der Wissenschaften in Wissenschaftszweige gemäß OECD Frascati-Manual (= Österreichische Version der „Fields of Science and Technology (FOS) Classification" Stand 1.7.2015). Siehe hierzu die Klassifikationsdatenbank der Statistik Austria[18].

xx // xx =   Zeilenumbruch im Text der Tafel.

---

17 http://www.ludwig-salvator.com/digi/tabulae/tabulae.htm (6.7.2017).

18 http://www.statistik.at/web_de/klassifikationen/index.html (6.7.2017).

---	*[Tafel 1]*	**Tabulae // Ludovicianae //** Prag // **Im Selbstverlage //** 1869. *[Deckblatt ohne Paginierung].*

--- *[Tafel 1]* **Tabulae // Ludovicianae //** Prag // **Im Selbstverlage //** 1869. *[Deckblatt ohne Paginierung].*

FOS 101018

1 Tafel 2a **Lage.** *[lokale Ortsbezeichnungen/Ortsnamen oder verbale Beschreibung].* FOS 105407, 105409, 602033

2 Tafel 2b **Breite und Länge.** *[geographische Koordinaten nach Greenwich gemäß verfügbarer Land- oder Seekarten].*

FOS 207403

3 Tafel 2c **Nächste Küstenpunkte.** *[maritime Erreichbarkeit].*

FOS 105409, 105407

4 Tafel 3a **Oberfläche.** *[Zuordnung der gegenständlichen Raumeinheit oder Verwaltungseinheit zur geografischen Raumgliederung].* FOS 105405

5 Tafel 3b **Umkreis.** *[natur- und/oder kulturräumliche Nachbarschaftsbeziehungen].* FOS 105405, 507006

6 Tafel 3c **Gestalt.** *[geomorphologischer Formenschatz].*

FOS 105408, 105404, 105405

7 Tafel 4a **Abweichung der Magnetnadel.** *[und magnetische Anomalien].* FOS 207403, 105102

8 Tafel 4b **Klima:** Temperatur. FOS 105204, 105206

9–10 Tafel 4c Klima: Dauer der Hitze und Kälte. FOS 105204, 105206

11 Tafel 5a Klima: Luftdruck. FOS 105204, 105206

12 Tafel 5b Klima: Feuchtigkeit der Luft. FOS 105204, 105206

13 Tafel 5c Klima: Dauer der Trockenheit. FOS 105204, 105206

14–16 Tafel 5d Klima: Schnee. Höhe. Dauer. FOS 105204, 105206

17 Tafel 6a Klima: Hagel. FOS 105204, 105206

18 Tafel 6b Klima: Regen. FOS 105204, 105206

19 Tafel 6c Klima: Jährliche Regenmenge. FOS 105204, 105206

20 Tafel 6d Klima: Welche Winde bringen Regen. FOS 105204, 105206

21 Tafel 7a Klima: Nebel. FOS 105204, 105206

22–24 Tafel 7b Klima: Jahreszeiten. Dauer. Bis zu welcher Höhe *[Nebelangaben].* FOS 105204, 105206

25 Tafel 7c Klima: Winde. FOS 105204, 105206

26	Tafel 7d	Klima: Um welche Zeiten sie blasen. *[Windangaben]*.
		FOS 105204, 105206

27	Tafel 8a	Klima: Stürme. *FOS 105204, 105206*

28	Tafel 8b	Klima: Jahreszeiten und Dauer. *FOS 105204, 105206*

29 Tafel 8c **Meer**: Breite der Kanäle. *[Topografie und Ozeanografie]*.
FOS 105409, 105306

30 Tafel 8d Meer: Tiefe. *FOS 105409, 105306*

31 Tafel 9a Meer: Salzgehalt des Wassers. *FOS 105409, 105306*

32 Tafel 9b Meer: Unterschied zwischen Ebbe und Flut. *FOS 105306*

33 Tafel 9c Meer: Strömungen. *FOS 105306*

34 Tafel 9d Meer: Ihre Richtung. *[Meeresströmungen]*. *FOS 105306*

35 Tafel 10a Meer: Stunden ihres Laufes. *[Meeresströmungen]*.
FOS 105306

36 Tafel 10b Meer: Ihre Schnelligkeit. *[Meeresströmungen]*. *FOS 105306*

37 Tafel 10c **Charakteristik des Landes**: Bedeutendere Höhen.
FOS 105409, 105407

38–39 Tafel 10d Charakteristik des Landes: Küsten. Häfen.
FOS 105409, 105407

40–41 Tafel 11a Charakteristik des Landes: Ebenen. Thäler.
FOS 105409, 105407

42–47 Tafel 11b Charakteristik des Landes: Flüsse. Bäche. //Länge ihres Laufes. Dauer und Höhe ihres Wasserstandes. Schnelligkeit ihres Laufes. *FOS 105409, 105407, 105304*

48–51 Tafel 11c Charakteristik des Landes: Seen. Sümpfe, ihre Ausdehnung. Tiefe. *FOS 105409, 105407, 105304*

52 Tafel 11d Charakteristik des Landes: Quellen.
FOS 105409, 105407, 105304

53 Tafel 12a Charakteristik des Landes: Wie viel Liter sie per Stunde geben. *[Hydrografie]* *FOS 105409, 105407, 105304*

54–55 Tafel 12b Charakteristik des Landes: Thermal- und Mineral Quellen.
FOS 105409, 105407, 105304, 105307

56–57 Tafel 12c Charakteristik des Landes: Analysen derselben, wie viel Liter sie per Stunde geben. *FOS 105307*

| 58 | Tafel 13 | **Geognostischer Charakter des Bodens.** *[Geologie, Untergrund]* *FOS 105101* |

| 59 | Tafel 14a | **Fruchtbarkeit des Bodens:** Eigenschaften die der Boden besitzt. *FOS 105402, 401902, 405401* |

| 60 | Tafel 14b | Fruchtbarkeit des Bodens: Fruchtbarsten Orte. *FOS 105402, 401902, 405401* |

| 61 | Tafel 15 | **Pflanzen:** Verzeichniß. *FOS106015, 106050* |

| 62 | Tafel 16 | Pflanzen: Verzeichniß. |

| 63 | Tafel 17a | Pflanzen: Bekannte frühzeitiger als anderswo blühende Pflanzen. *FOS106015, 106050* |

| 64 | Tafel 17b | Pflanzen: Medicinal Pflanzen. *FOS106015, 106050, 301209* |

| 65 | Tafel 18 | **Thiere:** Katalog der wirbellosen Thiere. *FOS 106053* |

| 66–67 | Tafel 19 | Thiere: Katalog der Wirbelthiere, wilde und zahme. *FOS 106053* |

| 68 | Tafel 20a | **Bevölkerung:** Gesamte Einwohnerzahl. *FOS 507002, 504006* |

| 69 | Tafel 20b | Bevölkerung: Einheimische Bevölkerung. *FOS 507002, 504006* |

| 70 | Tafel 20c | Bevölkerung: Effektive Bevölkerung. *[Gesamtbevölkerung].* *FOS 507002, 504006* |

| 71 | Tafel 20d | Bevölkerung: Zahl der Einwohner auf die Quadratmeile. *FOS 507002, 504006* |

| 72 | Tafel 20e | Bevölkerung: Bevölkerungsvermehrung. *[oder -abnahme].* *FOS 507002, 504006* |

| 73 | Tafel 21a | Bevölkerung: Reihe von Daten über diesen Gegenstand bis aus der ältesten Zeit. *FOS 507002, 504006* |

| 74 | Tafel 21b | Bevölkerung: Zahl der Männer. *FOS 507002, 504006* |

| 75 | Tafel 21c | Bevölkerung: Zahl der Frauen. *FOS 507002, 504006* |

| 76 | Tafel 21d | Bevölkerung: Zahl der Familien. *FOS 507002, 504006* |

| 77–80 | Tafel 21e | Bevölkerung: Verehelichte (Männer. Frauen. Zusammen. // Zusammenlebend. Getrennt lebend). *FOS 507002, 504006* |

| 81–84 | Tafel 21f | Bevölkerung: Unverehelichte (Männer. Frauen. Zusammen. // Zusammenlebend. Getrennt lebend). *FOS 507002, 504006* |

| 85 | Tafel 21g | Bevölkerung: Witwer. *FOS 507002, 504006* |

86   Tafel 22a   **Trauungen**: Auf wie viel Paare entfällt eine Trauung.
FOS 507002, 504006

87–91   Tafel 22b   Trauungen: Trauungen wo beide Theile ledig sind. // Angaben über das Alter beider Theile, und ob sie ehelicher oder unehelicher Geburt sind, so für folgende Rubriken.
FOS 507002, 504006

92–96   Tafel 22c   Trauungen: Trauungen, wo beide Theile verwitwet sind. (Männer. Frauen.) // Einmal verwitwet. Mehrmals verwitwet.   *FOS 507002, 504006*

97–101   Tafel 22d   Trauungen: Trauungen von Witwern mit Ledigen. (Männer. Frauen.) // Einmal verwitwet. Mehrmals verwitwet.
FOS 507002, 504006

102–106 Tafel 23a   Trauungen: Trauungen von Witwen mit Ledigen (Männer. Frauen). // Einmal verwitwet. Mehrmals verwitwet.
FOS 507002, 504006

107   Tafel 23b   Trauungen: Mittlere Dauer der Ehen.   *FOS 507002, 504006*

108–115 Tafel 23c   **Geburten**: Monate, in denen sie stattfanden. (Eheliche. Uneheliche) // Knaben. Mädchen. (Lebend geboren. Tod geboren).   *FOS 507002, 504006*

116–117 Tafel 24a   **Unter 1000 Ehen wie viele Knaben, wie viele Mädchen in ihren verschiedenen Altersstufen.**   *FOS 507002, 504006*

118–133 Tafel 24b   **Todesfälle**: Durch Gewalt. (Hundswuth [Tollwut]. Selbstmord. Tödtung, Unglück) // Männlich. Weiblich. // Ehelich. Unehelich.   *FOS 507002, 504006*

134–149 Tafel 24c   Todesfälle: Alter. *[gemäß Fragen Tafel 24b].*
FOS 507002, 504006

150–165 Tafel 24d   Todesfälle: Monate, in denen sie stattfanden *[gemäß Fragen Tafel 24b]*   *FOS 507002, 504006*

166–177 Tafel 25a   Todesfälle: Durch Krankheit. (Gewöhnliche. Örtliche. Epidemische) // Männlich. Weiblich // Ehelich. Unehelich.
FOS 507002, 504006

178–189 Tafel 25b   Todesfälle: Alter. *[gemäß Fragen Tafel 25a].*
FOS 507002, 504006

190–201 Tafel 25c   Todesfälle: Monate, in denen sie stattfanden *[gemäß Fragen Tafel 25a].*   *FOS 507002, 504006*

| 202 | Tafel 25d | **Auf wie viele Bewohner kommt ein Sterbefall.** |
| | | *FOS 507002, 504006* |

| 203 | Tafel 26a | **Gesundheit des Klima[s].** *FOS 105204, 303012* |

| 204 | Tafel 26b | **Herrschende Krankheiten:** Zahl der Krankheitsfälle der verschiedenen Arten. *FOS 303012* |

| 205 | Tafel 27a | **Langjährigkeit.** *[Lebenserwartung].* |
| | | *FOS 507002, 303012* |

206–207 Tafel 27b **Altersstufen:** Männlich *[es]* Gesch *[lecht].* Weiblich *[es]* Gesch *[lecht].* *FOS 507002*

| 208 | Tafel 28a | **Zahl der Steuerpflichtigen.** *FOS 507017, 507026* |

| 209 | Tafel 28b | **Glaubensbekenntnisse.** *[Religionszugehörigkeiten].* |
| | | *FOS 507017, 603909* |

| 210 | Tafel 29 | **Beschäftigungen und Stände:** Dabei auch Aufzählung der Armen, Taubstummen, Blinden, Blöden und Irren. |
| | | *FOS 507017* |

| 211 | Tafel 30a | **Charakter der Einwohner.** *FOS 507017* |

| 212 | Tafel 30b | **Natürliche Anlagen.** *[der Einwohner].* *FOS 507017* |

| 213 | Tafel 30c | **Arbeitsamkeit.** *[der Einwohner].* *FOS 507017* |

| 214 | Tafel 30d | **Sittlichkeit.** *[u.a. Alkoholmissbrauch].* *FOS 507017* |

215–262 Tafel 31 links **Verbrechen aus heftigen Leidenschaften:** Verbrechen, bei denen Thäter in Untersuchung gezogen wurden. // Inquisiten die früher wegen eines Verbrechens: noch nicht verurtheilt worden waren (Männlich. Weiblich.). schon einmal verurtheilt worden waren (Männlich. Weiblich.). schon 2 oder mehrere Male verurtheilt worden waren (Männlich. Weiblich.). *[Weitere Unterteilungen dieser sechs Menschengruppen jeweils in zwei Untergruppen]* Ehelich. Unehelich. *[sowie wiederum jeweils in weitere vier Teilgruppen:]* Altersstufen. + Die lesen und schreiben oder wenigstens lesen können + Verurteilt zu // Losgesprochen. Schergen entwichen oder anderen Gerichten übergeben. *[Kreuztabelle mit 48 Fragen]* *FOS 507017, 505008*

263–310 Tafel 31 rechts **Verbrechen aus Gewinnsucht:** Verbrechen, bei denen Thäter in Untersuchung gezogen wurden. // Inquisiten die früher wegen eines Verbrechens: noch nicht verurtheilt worden waren (Männlich. Weiblich.). schon einmal verurtheilt worden waren (Männlich. Weiblich.). schon 2 oder mehrere Male verurtheilt worden waren (Männlich. Weiblich.). *[Weitere Unterteilungen dieser sechs Menschengruppen jeweils in zwei Untergruppen]* Ehelich. Unehelich. *[sowie wiederum jeweils in weitere vier Teilgruppen:]* Altersstufen. + Die lesen und schreiben oder wenigstens lesen können + Verurteilt zu // Losgesprochen. Schergen entwichen oder anderen Gerichten übergeben. *[Kreuztabelle mit 48 Fragen].*

FOS 507017, 505008

311	Tafel 32a	**Verbrechen, deren Thäter unbekannt oder flüchtig waren.**

FOS 507017, 505008

312	Tafel 32b	**Sprache**: Literatur. *[Literatur gelistet nach Sprachen].*

FOS 507005, 602003

313	Tafel 33a	**Sprichwörter.**	FOS 507005, 602048

314–315	Tafel 33b	**Bildung**: Leute, die lesen und schreiben können. (Männer. Frauen.).

FOS 605004, 504018

316–317	Tafel 33c	Bildung: Leute, die nur lesen können (Männer. Frauen.).

FOS 605004, 504018

318–319	Tafel 33d	Bildung: Personen, die weder lesen noch schreiben können. (Männer. Frauen.).

FOS 605004, 504018

320	Tafel 34a	Bildung: Schulen.	FOS 605004, 504018
321	Tafel 34b	Bildung: Professoren.	FOS 605004, 504018
322	Tafel 34c	Bildung: Studierende.	FOS 605004, 504018
323	Tafel 34d	Bildung: Schulbesuchende Kinder.	FOS 605004, 504018
324	Tafel 35a	**Religiöse Bildung.**	FOS 605004, 303909
325	Tafel 35b	Religiöse Bildung: Fasten.	FOS 605004, 303909
326	Tafel 35c	Religiöse Bildung: Anderweitige religiöse Gebräuche.

FOS 605004, 303909

327	Tafel 36a	**Aberglaube.**	FOS 605004, 303909
328	Tafel 36b	**Arzneimittel beim Volke.**

FOS 303012, 301202, 301209

329	Tafel 37a	**Trachten**: Haar- und Bartscheren.	FOS 504009
330	Tafel 37b	Trachten: Namen der verschiedenen Kleidungsstücke.

FOS 504009, 504017

331	Tafel 37c	Trachten: Aus welchem Stoffe sie verfertigt sind.

FOS 504009, 504017

332	Tafel 37d	Trachten: Werth der Kleidungsstücke.	*FOS 504009, 504017*
333	Tafel 38a	**Ortschaften.**	*FOS 507005, 507006*
334	Tafel 38b	**Häuser:** Ihre Zahl.	*FOS 507005, 507006*
335	Tafel 38c	Häuser: Bewohner.	*FOS 507005, 507006*
336	Tafel 38d	Häuser: Unbewohnte.	*FOS 507005, 507006*
337	Tafel 39a	Häuser: Zuwachs der Häuserzahl.	*FOS 507005, 507006*
338	Tafel 39b	Häuser: Allerlei Daten hierüber.	*FOS 507005, 507006*
339	Tafel 39c	Häuser: Bau der Häuser.	*FOS 507005, 507006, 201112*

340   Tafel 39d   Häuser: Verschiedene Hausgeräte. Betten. Heizung.
FOS 504009, 507026

341   Tafel 40a   **Nahrung in den verschiedenen Jahreszeiten:** Küche.
FOS 504017, 507026

342   Tafel 40b   **Jahresgebrauch der verschiedenen Lebensmittel Seitens der Bevölkerung.**   *FOS 504017, 507026*

343   Tafel 41a   **Beschäftigung im Laufe des Tages:** Sitten bei Besuchen.
FOS 504009, 504017, 504018

344   Tafel 41b   Beschäftigung im Laufe des Tages: Um wie viel Uhr wird gewöhnlich gebadet.   *FOS 504009, 504017, 504018*

345   Tafel 41c   Beschäftigung im Laufe des Tages: Wie viele schwimmen können.   *FOS 504009, 504017, 504018*

346	Tafel 42a	**Sangsweise.**	*FOS 504017*
347	Tafel 42b	**Volkslieder Und Melodien.**	*FOS 504017*
348	Tafel 43a	**Musik:** Verschiedene Instrumente.	*FOS 504017*
349	Tafel 43b	**Tanz.**	*FOS 504017*

350   Tafel 44a   **Andere Volksbelustigungen:** Vorstellungen.
FOS 504017

351	Tafel 44b	Andere Volksbelustigungen: Spiele.	*FOS 504017*
352	Tafel 45a	**Volkssitten:** Wahl der Braut.	*FOS 504017*
353	Tafel 45b	Volkssitten: Verehelichungen.	*FOS 504017*
354	Tafel 45c	Volkssitten: Geburten.	*FOS 504017*
355	Tafel 46a	Volkssitten: Leichenbegängnisse.	*FOS 504017*

356   Tafel 46b   **Markttage**: Verschiedene Volksbelustigungen an diesen Tagen.   *FOS 504017*

357   Tafel 47a   **Höhere Stände und Adel**: Größere Erbgüter.   *FOS 504018*

358   Tafel 47b   Höhere Stände und Adel: Ausgezeichnete Geschlechter.   *FOS 504018*

359–360 Tafel 47c   **Die Geistlichkeit**: Ihre Bildung. Ihr Einfluß auf die Bevölkerung.   *FOS 504018, 603909*

361   Tafel 47d   Die Geistlichkeit: Pfründen. Pfarrhäuser.   *FOS 504018, 603909*

362   Tafel 47e   Die Geistlichkeit: Ordensgeistliche.   *FOS 504018, 603909*

363   Tafel 47f   Die Geistlichkeit: Klöster.   *FOS 504018, 603909*

364   Tafel 48a   **Die Bauern.**   *FOS 504018, 507017, 507026*

365   Tafel 48b   Die Bauern: Ackerbauverhältnisse.   *FOS 507006, 507026, 401101*

366–367 Tafel 49a   **Mittlerer Taglohn.** (Für Männer. Für Frauen.). *[Landwirtschaft].*   *FOS 504018, 507017, 507026*

368   Tafel 49b   **Ausdehnung der Grundbesitzungen.** *[Landwirtschaft].*   *FOS 507006, 507026*

369   Tafel 49c   **Werth der Grundbesitzungen.** *[Landwirtschaft].*   *FOS 401, 502, 504017, 507026*

370   Tafel 50a   **Ackerbaugeräthe.** *[Landwirtschaft].*   *FOS 401101,504009*

371–372 Tafel 50b   **Bestellung der Felder**: Wie lange läßt man die Felder ruhen. // Wie viele Ernten macht man in einem Jahr. *[Landwirtschaft].*   *FOS 401101*

373   Tafel 50c   **Düngmittel.** *[Düngemittel, Landwirtschaft].*   *FOS 401101*

374   Tafel 51a   **Bewässerungsarten.** *[Landwirtschaft].*   *FOS 401102*

375–376 Tafel 51b   **Brunnen. Cisternen.**   *FOS 105308, 105304, 507005, 504017, 105405, 207114*

377   Tafel 52a   **Oberflächenbeschaffenheit**: Verschiedene Culturen. *[Bodenbedeckung, Landnutzung].*   *FOS 105405, 106026, 106050*

378   Tafel 52b   Oberflächenbeschaffenheit: Unfruchtbare oder unbebaute Strecken.   *FOS 105404, 106026, 105408, 105904*

379	Tafel 52c	Oberflächenbeschaffenheit: Waldungen.

FOS 105405, 106026, 401

380	Tafel 53a	Von allen folgenden landwirtschaftlichen Produktionen Angaben über die Zeit der Ernte, den Ertrag, Gesammt- und Einzel-Werth derselben. // **Verschiedene cultivierte Baumarten.** // Ihre Zahl.

FOS 401, 106026, 401101,
401103, 401104, 401105, 401108, 401116, 502, 504017

381	Tafel 53b	Verschiedene cultivierte Baumarten: Gegenden, wo sie zumeist angebaut werden.

FOS 504017, 401, 106026

382	Tafel 53c	Verschiedene cultivierte Baumarten: Angaben über die Qualität und Verwendung ihres Holzes und ihrer Früchte.

FOS 504017, 401, 106026

383	Tafel 53d	Verschiedene cultivierte Baumarten: Krankheiten, denen sie ausgesetzt sind.	*FOS 401116*
384	Tafel 54a	**Oelbaum**: Oelbereitung.	*FOS 401116*
385	Tafel 54b	**Feigenbaum**: Verschiedene Sorten.	*FOS 401116*
386	Tafel 54c	Feigenbaum: Trockene Feigen.	*FOS 401116*
387	Tafel 55a	**Mandelbaum.**	*FOS 401116*
388	Tafel 55b	**Johannisbrotbaum.**	*FOS 401116*
389	Tafel 55c	**Obstbäume**: Trockene Früchte.	*FOS 401108*
390	Tafel 56a	**Weincultur**: Weinbereitung.	*FOS 401117*
391	Tafel 56b	Weincultur: Weinsorten.	*FOS 401117*
392	Tafel 56c	Weincultur: Trockene Trauben.	*FOS 401117*
393	Tafel 57a	**Andere Cultur-Pflanzen**: Zum Färben.	*FOS 401116*
394	Tafel 57b	Andere Cultur-Pflanzen: Zur Oelbereitung.	*FOS 401116*
395	Tafel 57c	Andere Cultur-Pflanzen: Zu Gewürz.	*FOS 401116*
396	Tafel 57d	Andere Cultur-Pflanzen: Zu Gespinnst.	*FOS 401116*
397	Tafel 58a	Andere Cultur-Pflanzen: Zur Seidefabrikation.	*FOS 401116*
398	Tafel 58b	Andere Cultur-Pflanzen: Futterpflanzen.	*FOS 401116*
399	Tafel 58c	**Getreide-Arten**: Ertrag der verschiedenen Getreidearten per Quadrat[*meile*].	*FOS 401105*
400	Tafel 59a	**Gemüsegärtnerei**: Grüne Gemüse.	*FOS 401104*
401	Tafel 59b	**Gemüsegärtnerei**: Knollenfrüchte	*FOS 401101*

402	Tafel 59c	Gemüsegärtnerei: Zwiebelgewächse.	*FOS 401103*

403 Tafel 59d **Fettpflanzen:** Cactus. Agaven. *FOS 401103*

404 Tafel 60 **Verschiedene Cultur-Pflanzen, deren Einführung in Folge des Klima[s] möglich und überhaupt zweckmässig wäre.**
FOS 401, 106026

405 Tafel 61a **Waldungen:** Waldcultur. *FOS 401205*

406–408 Tafel 61b Waldungen: Bau-, Schiff[s]bau- und Brennhölzer.
FOS 401205

409 Tafel 61c Waldungen: Harz- und Gummipflanzen. *FOS 401205*

410 Tafel 61d Waldungen: Zum Gerben. *FOS 401205*

411 Tafel 62a Waldungen: Zur Arznei. *FOS 401205, 301209*

412 Tafel 62b Waldungen: Zu verschiedenen Drogen. *FOS 401205, 301209*

413 Tafel 62c Waldungen: Hölzer für Drechsler und Schreiner.
FOS 401205

414 Tafel 62d **Seide[n]zucht.** *FOS 401116*

415 Tafel 63a Honig: Wachs. *FOS 402007*

416–430 Tafel 63b **Viehzucht:** Gesammtzahl, jährliche Vermehrung. Benützung und Werth der verschiedenen Thierarten. Fleisch. Schmalz. Milch. Butter. Käse. Häute-, Haar- und Wollertrag. Verschiedene Racen *[Rassen]*. Futter. Stallungen.
FOS 402006, 402011, 402014

431 Tafel 64a **Federvieh.** *FOS 402006, 402014*

432 Tafel 64b **Rinder.** *FOS 402006, 402014*

433 Tafel 64c **Schafe.** *FOS 402006, 402014*

434 Tafel 65a **Ziegen.** *FOS 402006, 402014*

435 Tafel 65b **Schweine.** *FOS 402006, 402014*

436–438 Tafel 65c **Pferde:** Ihre Dauerhaftigkeit und Alter, das sie erreichen. // Art des Beschlages. So auch von den folgenden Thieren.
FOS 402006, 402014

439–441 Tafel 66a **Maulthiere:** Ihre Dauerhaftigkeit und Alter, das sie errei-chen.// *[Art des Beschlages]*. *FOS 402006, 402014*

442–444 Tafel 66b **Esel:** Ihre Dauerhaftigkeit und Alter, das sie erreichen. // *[Art des Beschlages]*. *FOS 402006, 402014*

445–446 Tafel 67a   **Jagd:** Wild. *[Wildarten]* Ob die Jagd *[auf diese Wildart]* frei ist. *FOS 504017, 4019*

447   Tfel 67b   Jagd: Jagdarten. *[Ansitz, Pirsch, Riegler, Treibjagd, …].* *FOS 504017, 4019*

448   Tafel 67c   Jagd: Jagdmitteln. Netze. *FOS 504017, 4019*

449   Tafel 67d   Jagd: Jagdhunde. *FOS 504017, 4019*

450   Tafel 68a   **Die Fischer:** Typus. *FOS 504017*

451   Tafel 68b   Die Fischer: Trachten. *FOS 504017, 504009*

452–455 Tafel 68c   **Fischerboote:** Ihre Zahl. Name der verschiedenen Arten, Werth und Dauer. *FOS 401903, 504009*

456–459 Tafel 69   **Netze Und Andere Fischgeräthe, Ihr Namen Und Gestalt.:** Ob der Fischfang frei ist. *FOS 401903*

460–461 Tafel 70a   **Am Meisten Gesuchte Fische Und Andere Seethiere:** Wie viel der Fischfang dieser einzelnen und aller überhaupt beträgt. *FOS 401903*

462   Tafel 70b   **Versendung und Aufbewahrung der Fische.** *FOS 401903*

463   Tafel 70c   **Schwämme- und Korallenfang.** *FOS 401903*

464   Tafel 71a   **Schifffahrt:** Entfernung der wichtigsten Häfen der Nachbarschaft. *FOS 2013, 105409*

465–466 Tafel 71b   Schifffahrt: Vorschriften bezüglich der Schiffe und Barken *[kleine mastlose Wasserfahrzeuge]*, erforderliche Karten. *FOS 2013, 502017, 105407*

467   Tafel 71c   Schifffahrt: Zustand ihrer Entwicklung. *FOS 2013*

468–470 Tafel 72a   Schifffahrt: Zahl, Bestimmung und Tonnengehalt der Schiffe. *FOS 2013*

471   Tafel 72b   Schifffahrt: Zunahme der Schiffszahl. *FOS 2013*

472–475 Tafel 72c   Schifffahrt: Per Jahr (Handelsthätige Schiffe. Handelsunthätige Schiffe.). *[Zusätzlich jeweils:]* Zahl der Tonnen. *FOS 2013, 502223*

476–491 Tafel 73a   Schifffahrt: Angaben über Bemannung und Tonnengehalt. Ausgelaufen wohin. (Leer. Beladen.). *[Jeweils zusätzlich un-*

terschieden] in Dampfschiffe. Segelschiffe. (Von weiter Fahrt. Große Küsten-Fahrzeuge. Kleine Küsten-Fahrzeuge).

FOS 2013, 502223

492–507 Tafel 73b Schifffahrt: Angaben über Bemannung und Tonnengehalt. Eingelaufen woher. (Leer. Beladen.). *[Jeweils zusätzlich unterschieden in]* Dampfschiffe. Segelschiffe. (Von weiter Fahrt. Große Küsten-Fahrzeuge. Kleine Küsten-Fahrzeuge.).

FOS 2013, 502223

508 Tafel 74a Schifffahrt: Bemannung der Schiffe ob Einheimische.

FOS 2013

509 Tafel 74b Schifffahrt: Matrosen im Dienste auf fremden Schiffen.

FOS 2013

510–511 Tafel 75a **Schiffbau**: Art und Zahl der jährlich erbauten Schiffe.

FOS 2013

512 Tafel 75b Schiffbau: Schiffbauer. *FOS 2013*

513 Tafel 75c Schiffbau: Calfaterer. *[Berufsgruppe beim Bau von Holzschiffen zur Abdichtung der Schiffsplanken].* *FOS 2013*

514–521 Tafel 76a **Bergbau**: Steinbrüche und zu anderen Zwecken gegrabene Mineralien, Mühlsteine, Schiefer, Kalk, Marmor und andere Schmucksteine, Thonerde etc. *FOS 105101, 105116, 507026*

522 Tafel 76b Bergbau: Salzgewinnung. *FOS 105101, 105116, 507026*

523–524 Tafel 77a **Industrie**: Zahl und Art der Mühlen.

FOS 507006, 507026

525–526 Tafel 77b Industrie: Wie viel sie mahlen. Wie viel sie mahlen könnten.

FOS 507026

527–528 Tafel 77c Industrie: Zahl und Art der Backöfen. *FOS 507026*

529 Tafel 77d Industrie: Verschiedene Fabriken. *FOS 507006, 507026*

530–531 Tafel 78a **Entwicklung der verschiedenen Gewerbe**: Werkzeuge und Instrumente, Uhren etc. *FOS 507026*

532–537 Tafel 78b Entwicklung der verschiedenen Gewerbe: Erzeugnisse aus Erden und Steinen. Steinbrecher. Kalkbrenner. Ziegelbrenner. Töpfer. Glaser. *FOS 105101, 105116, 507006, 507026*

538–549 Tafel 78c Entwicklung der verschiedenen Gewerbe: Metalle und Metallwaren.// Huf- und Grobschmiede. Schlosser. Sensen-, Sichel- und Pfannenerzeuger. Waffenerzeuger. Klingen-, Messer- und Sägeschmiede. Schleifer. *FOS 507026*

550–556 Tafel 79a	Entwicklung der verschiedenen Gewerbe: Chemische Erzeugnisse. Apotheker. Seifensieder. Wachszieher. Zündwarenerzeuger. Köhler und Pechbrenner. *FOS 507006, 507026*
557–562 Tafel 79b	Entwicklung der verschiedenen Gewerbe: Nahrungsmittel. Mahlmüller. Bäcker. Fleischhauer. Gebrannte und gegorene Getränke, etc. *FOS 507026*
563–570 Tafel 79c	Entwicklung der verschiedenen Gewerbe: Garn-, Webe- und Wirkstoffe und deren Verarbeitung. Seiden-, Woll- und Baumwollspinnerei. Schneider. Regenschirmmacher. *FOS 507026*
571–581 Tafel 80a	Entwicklung der verschiedenen Gewerbe: Erzeugnisse aus anderen organischen Stoffen. Kürschner. Gärber. Schuhmacher. Sattler. Lohmüller. Tischler. Faßbinder. Holzwaren-Erzeuger. Stroh-, Rohr- und Binsenflechter. *FOS 507026*
582–584 Tafel 80b	Entwicklung der verschiedenen Gewerbe: Erzeugnisse der Bau- und Kunstgewerbe. Steinmetze etc. *FOS 507026*
585 Tafel 81a	**Handel:** Fehlende Artikel. *FOS 502223, 507026*
586 Tafel 81b	Handel: Uebermäßige Artikel. *FOS 502223, 507026*
587–588 Tafel 82	**Communicationsmittel:** Straßen. Zeit ihrer Erbauung. *FOS 2013*
589–591 Tafel 83a	Communicationsmittel: Fuhrwerke, Zahl derselben. Gewöhnlicher Tagpreis dafür, so der folgenden Rubriken. Postverbindung eingeschlossen. *FOS 2013*
592–597 Tafel 83b	Communicationsmittel: Last- und Zug-Thiere, ihre Zahl. *[Gewöhnlicher Tagpreis dafür].* *FOS 2013*
598–599 Tafel 83c	Communicationsmittel: Transportschiffe, ihre Zahl. *[Gewöhnlicher Tagpreis dafür].* *FOS 2013*
--- Tafel 84a	**Handel:** *[Spalte 1]* Natur-und landwirtschaftliche Erzeugnisse. *[Spalte 2]* Ihr gewöhnlicher Werth. *[Spalte 3–5]* Eingeführte Artikel, woher sie kommen. Ihr Werth. *[Spalte 3]* Waarenverkehr auf ungewissen Verkauf. *Spalte 4* Waarenverkehr auf gewissen Verkauf. *[Spalte 5]* Waarenverkehr zur Zubereitung. *[Spalte 6–8]* Ausgeführte Artikel, wohin sie gehen. Ihr Werth. *[Spalte 6]* Waarenverkehr auf ungewissen Verkauf. *[Spalte 7]* Waarenverkehr auf gewissen Verkauf. *[Spalte 8]* Waarenverkehr zur Zubereitung. *[Kreuztabelle mit 9x13=117 Fragen].* *FOS 502223, 507026*

600–606 Tafel 84b   Handel: Colonialwaren. *[Spalte 2–8 wie Tafel 84a].*
FOS 502223, 507026

607–613 Tafel 84c   Handel: Obst. *[Spalte 2–8 wie Tafel 84a].*
FOS 502223, 507026

614–620 Tafel 84d   Handel: Tabak. *[Spalte 2–8 wie Tafel 84a].*
FOS 502223, 507026

621–627 Tafel 84e   Handel: Oele. *[Spalte 2–8 wie Tafel 84a].*
FOS 502223, 507026

628–634 Tafel 84f   Handel: Getreide und sonstige Feld- und Gartenerzeugnisse. *[Spalte 2–8 wie Tafel 84a].*   FOS 502223, 507026

635–641 Tafel 84g   Handel: Getränke. *[Spalte 2–8 wie Tafel 84a].*
FOS 502223, 507026

642–648 Tafel 84h   Handel: Geflügel und Wildbret. *[Spalte 2–8 wie Tafel 84a].*
FOS 502223, 507026

649–655 Tafel 84i   Handel: Schlachtvieh. *[Spalte 2–8 wie Tafel 84a].*
FOS 502223, 507026

656–662 Tafel 84j   Handel: Thierische Produkte zum Genuße. *[Spalte 2–8 wie Tafel 84a].*   FOS 502223, 507026

663–669 Tafel 84k   Handel: Zug- und Saumthiere. *[Spalte 2–8 wie Tafel 84a].*
FOS 502223, 507026

670–676 Tafel 84l   Handel: Sonstige natur- und landwirtschaftliche Erzeugnisse. *[Spalte 2–8 wie Tafel 84a].*   FOS 502223, 507026

---   Tafel 85a   Handel: *[Spalte 1]* Industriegegenstände. *[Spalte 2]* Ihr gewöhnlicher Werth. *[Spalte 3–5]* Eingeführte Artikel, woher sie kommen. Ihr Werth. *[Spalte 3]* Waarenverkehr auf ungewissen Verkauf. *[Spalte 4]* Waarenverkehr auf gewissen Verkauf. *[Spalte 5]* Waarenverkehr zur Zubereitung. *[Spalte 6–8]* Ausgeführte Artikel, wohin sie gehen. Ihr Werth. *[Spalte 6]* Waarenverkehr auf ungewissen Verkauf. *[Spalte 7]* Waarenverkehr auf gewissen Verkauf. *[Spalte 8]* Waarenverkehr zur Zubereitung. *[Kreuztabelle mit 9x13=117 Fragen].*
FOS 502223, 507026

677–683 Tafel 85b   Handel: Fabrikationsstoffe und Halbfabrikate. *[Spalte 2–8 wie Tafel 85a].*   FOS 502223, 507026

684–690 Tafel 85c   Handel: Arznei- und Parfuemerie-Stoffe. *[Spalte 2–8 wie Tafel 85a].*   FOS 502223, 507026

691–697 Tafel 85d   Handel: Kochsalz. *[Spalte 2–8 wie Tafel 85a].*
FOS 502223, 507026

698–704 Tafel 85e   Handel: Farben und Farbstoffe. *[Spalte 2–8 wie Tafel 85a].*
FOS 502223, 507026

705–710 Tafel 85f   Handel: Gummen, Harze und Oele zum technischen Gebrauch. *[Spalte 2–8 wie Tafel 85a].*   FOS 502223, 507026

711–717 Tafel 85g   Handel: Gärbe-Material. *[Spalte 2–8 wie Tafel 85a].*
FOS 502223, 507026

718–724 Tafel 85h   Handel: Mineralien und Erden. *[Spalte 2–8 wie Tafel 85a].*
FOS 502223, 507026

725–731Tafel 85i   Handel: Schmucksteine und edle Metalle im rohen Zustande. *[Spalte 2–8 wie Tafel 85a].*   FOS 502223, 507026

732–738 Tafel 85j   Handel: Unedle Metalle im rohen Zustande. *[Spalte 2–8 wie Tafel 85a].*   FOS 502223, 507026

739–745 Tafel 85k   Handel: Rohstoffe. *[Spalte 2–8 wie Tafel 85a].*
FOS 502223, 507026

746–752 Tafel 85l   Handel: Garne. *[Spalte 2–8 wie Tafel 85a].*
FOS 502223, 507026

753–759 Tafel 85m   Handel: Ganzfabrikate. *[Spalte 2–8 wie Tafel 85a].*
FOS 502223, 507026

760–766 Tafel 85n   Handel: Literarische und Kunstgegenstände. *[Spalte 2–8 wie Tafel 85a].*   FOS 502223, 507026

767–768 Tafel 86a   **Gast- und Wirt[h]shäuser:** Art und Zahl derselben.
FOS 507026, 502040

769   Tafel 86b   **Post:** Postverbindungen.   *FOS 2013*

770   Tafel 86c   Post: Postdampfschiffe.   *FOS 2013*

771–774 Tafel 87a   **Postwesen:** Zahl der Privat- und amtlichen Correspondenz. Abgegebene und liegengebliebene Briefe.   *FOS 2013*

775–776 Tafel 87b   Postwesen: Zahl der Kreuzband-Sendungen und Zeitungen.
FOS 2013

777   Tafel 87c   Postwesen: Geldsendungen.   *FOS 2013*

778   Tafel 87d   Postwesen: Passagieren-Transport.   *FOS 2013*

779–780 Tafel 88a   **Telegraphenwesen:** Länge und Tiefe der Kabeln.
FOS 2013

781–784	Tafel 88b	Telegraphenwesen: Aufgegebene und angekommene Depeschen. Privat-Depeschen. Staats-Depeschen. *FOS 2013*
785	Tafel 88c	Telegraphenwesen: Zahl der Worte. *FOS 2013*
786–787	Tafel 89a	**Militärbehörden:** Militär und Kasernen. *FOS 507005*
788	Tafel 89b	**Civilbehörden:** Politische Eintheilung *FOS 507005*
789	Tafel 90a	**Municipal-Districte:** Ihre Ausdehnung. *FOS 507005*
790	Tafel 90b	**Geistliche Behörden.** *FOS 507005, 603909*
791–792	Tafel 90c	Geistliche Behörden: Pfarreien und ihre Ausdehnung. *FOS 507005, 603909*
793	Tafel 90d	Geistliche Behörden: Priesterzahl. *FOS 507005, 603909*
794	Tafel 91a	**Gefängniswesen.** *FOS 507005*
795–796	Tafel 91b	**Sanitätswesen:** Anstalten und Personen. *FOS 303012*
797	Tafel 91c	**Wohltätigkeitsanstalten:** Ihre Einrichtungen. *[Sanitätsinfrastruktur].* *FOS 303012*
798	Tafel 91d	**Handelsgesellschaften:** Consulate. *FOS 502223*
799	Tafel 92a	**Verschiedenartige Vereine.** *FOS 504017, 504018*
800	Tafel 92b	**Steuern.** *FOS 502*
801	Tafel 93a	**Mauth- und Zollwesen.** *FOS 502*
802	Tafel 93b	**Vom Staat gemachte Auslagen.** *FOS 502*
803	Tafel 94a	**Masse und Gewichte.** *FOS 502*
804	Tafel 94b	**Insel-Wappen.** *FOS 504017, 601020*
---	*[Tafel 95]*	Specieller Theil. *[Zwischenblatt für den 2. Teil der Tabulae ohne Paginierung: Zusammenfassungen].* *FOS 101018*
805	Tafel 96a	**Umkreis Der Städte.** *[Einzugsbereich des zentralen Ortes].* *FOS 105409, 105407, 507005*
806–807	Tafel 96b	**Einwohnerzahl nach den verschiedenen Wohnorten.** (Männer. Frauen). *FOS 507002, 504006*
808–809	Tafel 97a	**Bevölkerung nach den verschiedenen Distrikten.** (Männer. Frauen). *FOS 507002, 504006*
810–811	Tafel 97b	**Bevölkerung nach den verschiedenen Pfarreien.** (Männer. Frauen). *FOS 507002, 504006*

812	Tafel 98	**Alle Geographisch Bestimmten Höhen und Punkte.** *[topographisch mittels Messtisch, vermessungstechnisch mittels Theodoliten oder Nivellement bestimmte Höhenpunkte].*

FOS 105409, 105407

813	Tafel 99a	**Umkreis der Städte.** *[Einzugsbereich des zentralen Ortes]*

FOS 105409, 105407, 507005

814	Tafel 99b	**Entfernung der verschiedenen Orte von einander.**

FOS 105409, 105407

815	*Tafel100 links*	**Wappen der verschiedenen Orte.**

FOS 504017

---	*Tafel 100 rechts*	**Schlußbemerkung.** Alle die in diesen Tabellen enthaltenen Notizen werden in so detaillierten Angaben als möglich gewünscht. Je spezieller auf Jahre, Monate und kleinere Kreise eingegangen wird, um so gesuchter sind sie.

FOS 101018

Anhang 2

Zuordnung und Anzahl der Fragen der „Tabulae Ludovicianae" zur Österreichischen Systematik der Wissenschaftszweige (ÖFOS)

Fields of Science and Technology (FOS) Classification
(Stand Juli 2015 gemäß OECD Frascati-Manual)

Beispiel 105101	Hauptgruppe = 1	= Naturwissenschaften
	Gruppe = 05	= Geowissenschaften
	Untergruppe = 1	*= Geologie, Mineralogie*
	Arbeitsgebiete/Schlagworte	= Allgemeine Geologie

1	**Naturwissenschaften**	
101	**Mathematik**	
101018	Statistik	3

105	**Geowissenschaften**	
1051	Geologie, Mineralogie	
105101	Allgemeine Geologie	4
105102	Allgemeine Geophysik	1
105116	Mineralogie	3
1052	Meteorologie, Klimatologie	
105204	Klimatologie	17
105206	Meteorologie	16

1053	Hydrologie	
105304	Hydrologie	6
105306	Ozeanografie	8
105307	Wassergüte	2
105308	Wasserressourcen	1
1054	Physische Geografie	
105401	Biogeografie	2
105402	Bodengeografie *[siehe auch 401902 Bodenkunde]*	2
105404	Geomorphologie	2
105405	Geoökologie	6
105407	Kartographie	15
105408	Physische Geografie	2
105409	Topografie	18
1059	Sonstige und interdisziplinäre Geowissenschaften	
105904	Umweltforschung	1
1060	Biologie	
106015	Geobotanik	3
106026	Ökosystemforschung	7
106050	Vegetationskunde	4
106053	Zoogeografie	2

2   Technische Wissenschaften
201   Bauwesen
2011   Bauingenieurwesen
201112   Hochbau   1

2013   Verkehrswesen   26

207   Umweltingenieurwesen, Angewandte Geowissenschaften
2071   Umwelttechnik
207114   Wasserwirtschaft   1

2074   Geodäsie, Vermessungswesen
207403   Geodäsie   2

3   Humanmedizin, Gesundheitswissenschaften
301   Medizinisch-theoretische Wissenschaften, Pharmazie
3012   Pharmazie, Pharmakologie, Toxiologie
301202   Geschichte der Pharmazie   1
301209   Pharmazie   4

303   Gesundheitswissenschaften
303012   Gesundheitswissenschaften   6

4 Agrarwissenschaften, Veterinärmedizin
401 Land- und Forstwirtschaft, Fischerei

401101	Ackerbau	6
401102	Bewässerungswirtschaft	1
401103	Gartenbau	3
401104	Gemüsebau	2
401105	Getreidebau	2
401108	Obstbau	2
401116	Spezialkulturen	14
401117	Weinbau	3
4012	Forst- und Holzwirtschaft	
401205	Forstwirtschaft	7
4019	Sonstige Land- und Forstwirtschaft, Fischerei	4
401902	Bodenkunde *[siehe auch 105402 Bodengeografie]*	2
401903	Fischerei	5

402 Tierzucht, Tierproduktion

402006	Haustierzucht	9
402007	Imkerei	1
402011	Milchproduktion	1
402014	Tierhaltung	9

5 Sozialwissenschaften
502 Wirtschaftswissenschaften

502	Wirtschaftswissenschaften	6
502017	Logistik	1
502040	Tourismusforschung	1
502223	Außenhandel	33

504 Soziologie

504006	Demografie	30
504009	Ethnologie	11
504017	Kulturanthropologie	33
504018	Kultursoziologie	19

505 Rechtswissenschaften

505008	Kriminologie	3

507 Humangeografie, Regionale Geografie, Raumplanung

507002	Bevölkerungsgeografie	32
507005	Kulturgeografie	19
507006	Kulturlandschaftsforschung	14
507017	Sozialgeografie	12
507026	Wirtschaftsgeografie	52

6 Geisteswissenschaften
601 Geschichte, Archäologie
601020 Regionalgeschichte   1

602 Sprach- und Literaturwissenschaften
602003 Allgemeine Literaturwissenschaft   1
602033 Namenforschung   1
602048 Soziolinguistik   1

603 Philosophie, Ethik, Religion
603909 Religionswissenschaft   8

605 Andere Geisteswissenschaften
605004 Kulturwissenschaft   11

Summe der FOS-Zuordnungen / Gesamt (100%)   **526**

Davon
- Summe der FOS-Zuordnungen / 1 Naturwissenschaften (24%)   125
- Summe der FOS-Zuordnungen / 2 Technische Wissenschaften (6%)   30
- Summe der FOS-Zuordnungen / 3 Humanmedizin, Gesundheitswissenschaften (2%)   11
- Summe der FOS-Zuordnungen / 4 Agrarwissenschaften, Veterinärmedizin (14%)   71
- Summe der FOS-Zuordnungen / 5 Sozialwissenschaften (51%)   266
- Summe der FOS-Zuordnungen / 6 Geisteswissenschaften (4%)   23

Adresse des Autors:
Prof. Dr. Gerhard L. Fasching
Krottenbachstraße 189, A-1190 Wien
E-mail: Gerhard.Fasching@sbg.ac.at

Das Archiv des Erzherzogs Ludwig Salvator im Prager Nationalarchiv[1]

Eva Gregorovičová (unter Mitwirkung von Jan Kahuda)

Das Nationalarchiv Prag beinhaltet als einen der Teile des komplizierten Bestandes „Familienarchiv der toskanischen Habsburger" auch das Archiv des Erzherzogs Ludwig Salvator. Es handelt sich um einen wichtigen Teil des Nachlasses dieser aus verschiedenen Aspekten höchst interessanten Persönlichkeit. Die Schriften, die diesen Teilbestand bilden, wurden nach dem Ableben von Ludwig Salvator (1915) im Schloss Brandeis (Brandýs nad Labem) im Mittelböhmen aufbewahrt, nach 1918 wurden sie vom neu gegründeten Tschechoslowakischen Staatsarchiv für Landwirtschaft übernommen und weiter im Rahmen verschiedener Reformen der Archivorganisation der heutigen Tschechischen Republik bis ins heutige Nationalarchiv transportiert. Es handelt sich um einen Bestand mit dem Umfang von drei Urkunden und 19 Kartons aus den Jahren 1859 bis 1915. Die meisten Dokumente stammen aus der Lebensperiode, die Ludwig Salvator in Böhmen verbrachte (1859–1876).

Dieser Bestand wurde in den letzten Jahren völlig verzeichnet. Aufgrunddessen werden in diesem analytischen Artikel die heutige Struktur und der Inhalt des Bestandes vorgestellt. Es werden vor allem die Gruppen Personaldokumente, Studium, Korrespondenz, wissenschaftliches Material, Tagebücher, Finanzangelegenheiten und Rechnungen behandelt. Der folgende Artikel fasst diese Gruppen inhaltlich zusammen. Die Verfasser hoffen, dass dieser Beitrag ein Hilfsmittel für Forscher sein kann.

---

1. Einleitung

Das Familienarchiv der Toskana-Habsburger (tschechisch Rodinný archiv toskánských Habsburků), heute aufbewahrt im Nationalarchiv (NA) in Prag, stellt für einen Zeitraum von Jahrzehnten eine dokumentarische Einheit dar, die als grundlegende Quelle bezüglich der Lebensweise und des Schaffens des Erzherzogs Ludwig Salvator von Österreich (Schwendinger 2005) gelten kann, insbesondere was die frühen Jahre seines Lebens betrifft. Das Familienarchiv der Toskana-Habsburger ist derzeit in 14 Bestandteile gegliedert, welche die Jahre 1765 bis 1915 abdecken (Gregorovičová 2013).

---

1 Dieser Artikel wurde im Rahmen des Forschungsprojektes „Ludwig Salvator 1847–1915. Leben und Werk eines Wissenschaftlers und Reisenden" (GA ČR, Nr. 16-25192S) aufgearbeitet.

Die individuellen Sektionen sind gemäß der Herrschaftsperioden der Sekundogenitur Habsburg-Lothringen im Großherzogtum Toskana in den Jahren 1737 bis1859 geordnet. Die Sektionen enthalten die Akten von Ludwig Salvators Urgroßvater Peter Leopold (1765–1790), Ludwig Salvators Großvater Ferdinand III. (1793–1824), Ludwig Salvators Vater Leopold II. (1818–1870) und schließlich die von seinem ältesten Bruder Ferdinand IV. (1859–1908), des letzten Großherzogs der Toskana. Die Akten einiger Familienmitglieder folgen der Fundusstruktur, nämlich: Erzherzog Ludwig Salvator von Österreich (1859–1915), Erzherzog Johann Salvator von Österreich (1866–1871), ab 1889 bekannt als Johann Orth, und Erzherzog Joseph Ferdinand von Österreich (1891–1907). Ihnen folgen die Sammlungen von Urkunden und Diplomen (1779–1867), kartografisches Material (ca. 2000 Landkarten und Pläne aus der zweiten Hälfte des 18. Jahrhunderts und der ersten Hälfte des 19. Jahrhunderts), die Fotografiesammlung mit rund 4000 Stücken aus der zweiten Hälfte des 19. Jahrhunderts und dem beginnenden 20. Jahrhundert sowie schließlich die Sammlung von Zeichnungen und Drucken. Die letzten drei Sektionen enthalten die offiziellen Akten der toskanischen diplomatischen Vertretungen in Paris, Rom, Neapel und Wien (1814–1873), die offiziellen Dokumente der toskanischen Pensionsliquidatur in Frankreich (1812–1835) für die Kriegsschäden, die während der Napoleonischen Kriege verursacht worden waren, sowie schließlich die Dokumente mit Bezug auf die hohe Verwaltung der toskanischen Besitzungen in Böhmen, Brandýs nad Labem (Brandeis) und Ostrov nad Ohří (Schlackenwerth) (1852–1872).

Nach Analyse der Dokumente des Familienarchivs befinden sich Informationen zu Ludwig Salvator in mehreren Archivsektionen (Gregorovičová 2009), in Dokumenten seines Vaters Leopold II., die Sachverhalte über Ludwig Salvators Geburt, Kindheit, Erziehung und Jugend in Florenz und auf der Herrschaft Brandýs nad Labem offenbaren, sowie in einigen Dokumenten des Archivs seines älteren Bruders Ferdinand IV. Die bedeutendsten Dokumente werden hingegen in einer gesonderten Ludwig-Salvator-Archivsektion verwahrt. Um jedoch mehr Details über Ludwig Salvators Geburt und seine Familie zu finden, können auch andere Archivteile des Familienarchivs der Toskana-Habsburger genutzt werden, wie etwa die Landkarten und Pläne des Großherzogtums Toskana, Fotos toskanischer Städte, Residenzen und Villen, Familienfotos, Porträts von Ludwig Salvator während seines Venedigaufenthaltes sowie diplomatische Depeschen. Diese vom 6. August 1847 datierten Dokumente der toskanischen diplomatischen Vertretungen wurden im Ausland gefunden. Sie wurden an alle europäischen Höfe verschickt und informierten diese über die Geburt von Ludwig Salvator in Florenz.

2. Das Archiv von Leopold II., Großherzog der Toskana

Wie bereits erwähnt wurde, können die wichtigsten Informationen und Details über Ludwig Salvators Geburt, seine Kindheit, Jugend, Gesundheit,[2] Erziehung, Studien, erste Reisen und Familienbeziehungen in den eigenhändigen Aufzeichnungen, in Leopolds Tagebüchern, aus den Jahren 1847 bis 1870 gefunden werden. Die Tagebücher, die voller väterlicher Gefühle und Fürsorge stecken, wurden bis heute von der Wissenschaft noch nicht völlig genutzt (NA, FA Habsburg/Toskana, Leopold II., I/17–37). Das betrifft auch das bereits erwähnte Erziehungsprogramm Antinoris (NA, FA Habsburg/Toskana, Leopold II./2, Nr. 214: *„Traccia per l'andamento progressivo degli studi intellettuali di S. l'Arciduca Luigi"*) und die Korrespondenz zu Ludwig Salvators Studien in Prag (Ludwig Salvator erhielt ab 1865 eine exzellente Ausbildung an der Karl-Ferdinand-Universität in Prag, siehe NA, FA Habsburg/Toskana, Leopold II./2, Nr. 217: *„Luigi. Suoi studi in Praga 1865"*).

Die Ergebnisse des Unterrichts und die persönliche Entwicklung des jungen Ludwig Salvator in den Jahren 1852 bis 1864 können anhand seiner ersten Schriften und Kompositionen, die regelmäßig seinem Vater und seiner Mutter aus Anlass von deren Geburts- und Namenstagen in den Jahren 1852 bis 1866 gewidmet wurden, leicht nachverfolgt werden (NA, FA Habsburg/Toskana, Leopold II./2, Nr. 1, 2, 183). Insgesamt 39 von Ludwig Salvators eigenhändigen Schriften blieben dort erhalten.

Wenn wir die persönlichen Beziehungen innerhalb der großherzoglichen Familie verstehen und mehr über andere Ereignisse in Ludwig Salvators Leben erfahren wollen, ist es nützlich, auch die in Leopolds Archiv erhaltene Familienkorrespondenz zu analysieren (NA, FA Habsburg/Toskana, Leopold II./1, Die Briefe der Familienangehörigen an Leopold II., Großherzog und Fürst der Toskana: Aufzeichnung Nr. 45, Mutter Maria Antonia von Bourbon-beider Sizilien; Schwestern und Brüder: Aufzeichnung Nr. 47, Erzherzogin Augusta Ferdinanda von Österreich, Prinzessin von Bayern; Aufzeichnung Nr. 49, Erzherzogin Maria Isabelle von Österreich, Prinzessin der Toskana; Aufzeichnung Nr. 50, Ferdinand IV., Großherzog der Toskana; Aufzeichnung Nr. 52, Großfürst Karl Salvator von Österreich; Aufzeichnung Nr. 53, Erzherzogin Maria Luisa von Österreich; Aufzeichnung Nr. 55, Erzherzog Johann Salvator von Österreich [Johann Orth]).

139 Briefe, die von Ludwig Salvator geschrieben und in den Jahren 1855 bis 1870 an seinen Vater geschickt wurden, gehören zu den bedeutendsten Quellen.

---

2 Nationalarchiv Prag, Familienarchiv Habsburg/Toskana, Bestandsteil Leopold II., Nr. 177.

Ebenso sollten die schriftlichen Mitteilungen von Ludwig Salvators Erziehern nicht außer Acht gelassen werden, nämlich von Eugenio Sforza, Fiorenzo Gnagnoni, Alexander Piers, Laura de Brady, die des Leibarztes Giovanni Bondy, des Priesters Johann Peterlin und des Prager Professors Friedrich Schier, der damit betraut war, Ludwig Salvators Erziehung und Bildung in Prag zu organisieren. Diese Dokumente sind als Bestandteil der persönlichen Korrespondenz in der Archivsektion von Leopold II. verwahrt (NA, FA Habsburg/Toskana, Leopold II./1, Die persönliche Korrespondenz. Ibid., Leopold II./2, Aufzeichnung Nr. 7, die Briefe von Fiorenzo Gnagnoni). Des Weiteren sind Dokumente über die Zahlung der Apanage an Ludwig Salvator erhalten (NA, FA Habsburg/Toskana, Leopold II./2, Nr. 254).

3. Das Archiv von Ludwig Salvators Bruder, Ferdinand IV., Großfürst der Toskana

Ferdinands Korrespondenz beinhaltet hauptsächlich Ludwig Salvators Briefe aus den Jahren 1856 bis 1872 (NA, FA Habsburg/Toskana, Ferdinand IV., Nr. 31, insgesamt 57 Briefe sind erhalten geblieben) sowie die Korrespondenz zwischen den Brüdern aus den Jahren 1870 bis 1904. Die Briefe liefern Informationen über persönliche Angelegenheiten, Familienereignisse, Ludwig Salvators Wissenschafts- und Veröffentlichungsaktivitäten sowie finanzielle Probleme einschließlich Ferdinands Bürgschaft für Ludwig Salvators Darlehen in den Jahren 1884 bis 1894 (NA, FA Habsburg/Toskana, Ferdinand IV, sign. 71, Nr. 652–653. Am selben Ort ist die Ausgabe der Fremden-Zeitung bewahrt, Nr. 15, XIV, Wien – Salzburg – München, 1901, S. 2–4, in der Siegmund Schneiders Artikel „Erzherzog Ludwig Salvator. Dreißig Jahre aus dem Leben und Wirken des fürstlichen Geographen" veröffentlicht wurde).

4. Das Archiv des Erzherzogs Ludwig Salvator von Österreich

Die Akten des Naturwissenschaftlers und Forschers Ludwig Salvator aus den Jahren 1859 bis 1915 gehören zu den attraktiven Bestandteilen des Familienarchivs der Toskana-Habsburger (Gregorovičová 2015). Sie enthalten Dokumente wie: Der Orden des goldenen Vlies; Urkunden, aufgrund welcher Ludwig Salvator zum Inhaber militärischer Regimenter ernannt wurde; Auszüge und Notizen über die Natur und Geschichte Mallorcas; Aufzeichnungen über den Golf von Korinth und den Golf von Buccari-Porto Ré; ein Fragment von Ludwig Salvators Tagebuch über die Reise nach Tripolitanien und Tunesien sowie eine bislang unbekannte eigenhändige Schrift von einer Reise nach Dalmatien im Jahr 1864. Weitere signifikante Dokumente betreffen den Ankauf von Gutshäusern auf Mallorca, die Anmietung eines Teils des Kinsky-Palastes sowie die damit verbundenen Bauarbeiten und die Führung und Verwaltung der Herrschaft Brandýs nad Labem. Am wichtigsten ist zweifelsohne die umfassende persönliche Korrespondenz, die leider nur bis in die späten 1870er-Jahre zurückgeht und wichtige Informationen über seine Lebensgeschichte, seine Reisen zu allen Kontinenten, seine wissenschaftliche Arbeit und seine persönlichen Kontakte und Familienbeziehungen umfasst.

Ludwig Salvators persönliches Archiv enthält auch die Buchhaltungsdokumente, die von unleugbarer Bedeutung sind, was ihren Inhalt und Umfang betrifft. Auf ihrer Grundlage kann man leicht den Schaffensprozess und die Vorbereitungen von Ludwig Salvators Arbeiten und die Beteiligung von Ludwig Salvators Mitarbeitern sowie von böhmischen Künstlern und Herausgebern im Bezug auf die Erstellung und Veröffentlichung seiner Werke nachvollziehen. Andere Dokumente liefern Information über die Finanzierung von Ludwig Salvators Reisen, die Betriebskosten der Yacht Nixe, den Transport von Ludwig Salvators Sammlungen, den Erwerb von Büchern, die Haushaltskosten in Prag und auf Mallorca sowie die Abrechnungen von Kunstaufträgen für Schlösser Brandeis und Miramar.

Die klassifizierten Archivdokumente könnten nicht nur von Historikern genutzt werden, sondern auch von Geografen, Literaturhistorikern und Linguisten, denn die Archivalien sind nicht nur auf Deutsch, Italienisch, Französisch oder Englisch abgefasst, sondern auch auf Spanisch und Katalanisch. Selbst für Architekten und Denkmalschützer besteht ein Nutzwert, da die Buchhaltungspapiere und ihre Anhänge nicht nur Auskunft über die finanziellen Auslagen von Bauarbeiten geben, sondern auch Beschreibungen der durchgeführten Arbeiten liefern. Es ist daher überraschend, dass Ludwig Salvators komplette Archivdokumentation, die im Familienarchiv der ToskanaHabsburger erhalten ist, seit seinem Tod[3] bis zu Juan Marchs Studien in den 1980er-Jahren von Wissenschaftlern keinerlei Beachtung fand (March 1983).

Diese einzigartigen Dokumente wurden auch von den Archivaren des Nationalarchivs lange Zeit nicht beachtet, und erst jetzt wird ein Inventar des gesamten Ludwig-Salvator-Archivs fertiggestellt, das Studenten und Wissenschaftlern zur Verfügung stehen soll (die vollständige Herausgabe dieses Inventars ist im Nationalarchiv für das Jahr 2016 geplant).

Der Inhalt von Ludwig Salvators Dokumenten stellt einen gesonderten Fundusteil des Familienarchivs der Toskana-Habsburger dar. Er besteht aus drei Urkunden[4] und 19 Kartons mit Archivdokumenten aus den Jahren 1859 bis 1915.

---

[3] Die Dokumentation wurde mehrmals überstellt (erst zum Nationalmuseum in Prag, dann in den 1930er-Jahre zum Landwirtschaftsministerium in Prag-Těšnov und schließlich 1996 zum Hauptgebäude Chodovec des Nationalarchivs in Prag).

[4] NA, FA Habsburg/Toskana, Ludwig Salvator, Nr. 1 Urkunde von Franz Joseph I., Kaiser von Österreich, vom 16.8.1865, in Bad Ischl, in der Ludwig Salvator zum Infanterieoberst ernannt wird; Nr. 2 Urkunde von Franz Joseph I., Kaiser von Österreich,

Nicht alle Archivdokumententypen decken den gesamten Zeitraum bis 1915 ab. Die persönlichen Papiere bezüglich seiner militärischen Karriere, Studienmaterialien sowie insbesondere die umfangreiche Korrespondenz enden 1876, also kurz vor Ludwig Salvators Umzug in seine neue Residenz Zindis bei Triest. Die Buchhaltungsdokumente betreffen die gesamte Zeitspanne. Wenn wir den Inhalt und die Zeitspanne zwischen den Jahren 1859 und 1876 berücksichtigen, so repräsentieren die erhaltenen Archivdokumente Ludwig Salvators eine ziemlich kompakte Einheit ohne große Lücken. Trotz der oben erwähnten Einschränkungen können wir klar die Ereignisse und Angelegenheiten nachverfolgen, die Ludwig Salvators Lebenslauf bestimmten. Ein verstärktes Interesse der Historiker an der Persönlichkeit Ludwig Salvators und seinem Leben ist bei wichtigen Jahrestagen zu beobachten.

Das zeigte sich im Jahr 1997, als der 150. Jahrestag von Ludwig Salvators Geburt gefeiert wurde. Das Prager Nationalarchiv, das damals noch den alten Namen „Zentrales Staatsarchiv Prag" trug, hielt zwei biografische Ausstellungen über Ludwig Salvator ab. Die originalen Dokumente des Familienarchivs der Toskana-Habsburger wurden für Ausstellungen in Italien und Spanien ausgeliehen.

Die erste Ausstellung wurde im Mai 1997 auf den Liparischen Inseln unter dem Titel „Dall' Adriatico alle Baleari attraverso le Eolie: Arciduca e il Mediterraneo" abgehalten. Die zweite Ausstellung, Exposició en homenaje a l'arxiduc Lluís Salvador d' Àustria, wurde ein Jahr danach in Palma de Mallorca eröffnet.

Beide fanden an Orten statt, für die Ludwig Salvator viel empfunden hatte. Er widmete den Liparischen Inseln (d. h. den Äolischen Inseln) ein umfangreiches Werk, das mit herrlichen Illustrationen böhmischer Künstler auf Grundlage von Ludwig Salvators eigenen Zeichnungen ausgestattet ist. Mallorca wurde zu Ludwig Salvators zweitem Zuhause, seinem Refugium und – wie man ohne Übertreibung sagen kann – zu einem kleinen privaten Königreich (Ludwig Salvator 1879–1891 und derselbe 1893–1896).

Die folgenden Jahrestage seines Todes und seiner Geburt wurden in den Jahren 2005 und 2007 mit Ausstellungen von Originaldokumenten des Familienarchivs der Toskana-Habsburger direkt in seiner ehemaligen Residenz in Brandýs nad Labem gefeiert (Mader et al. 2005).

Durch die erhaltenen Briefwechsel von Ludwig Salvator und seinen Verwandten können wir das Abbild der charmanten Erzherzogin Mathilde von Österreich betrachten (Tochter des Erzherzogs Albrecht von Österreich, Herzog von Teschen, und Prinzessin Hildegard von Bayern). Die Sammlung be-

---

vom 13.3.1867, in Budapest (Ofen); Nr. 3 Urkunde vom Orden des Goldenen Vlies, an Ludwig Salvator verliehen am 8.8.1867 in Salzburg und Dokument Nr. 7: das offizielle Schreiben über die Verleihung des Großkreuzes des Ordens von Karl III. Bourbon an Ludwig Salvator im Jahr 1869.

inhaltet auch 24 Telegramme, die zwischen dem 23. Mai und 6. Juni 1867 vom Palast Hetzendorf in Wien nach Prag geschickt wurden und Ludwig Salvator täglich über den sich verschlechternden Zustand und schließlich den Tod der jungen Erzherzogin informierten, die Ludwig Salvator so nahestand (NA, FA Habsburg/Toskana, Ludwig Salvator, Erzherzogin Mathilde von Österreich).

Wir können die Details des erhaltenen Bildungsmaterials über die Geschichte der Kreuzzüge studieren, der militärischen Expeditionen von Kyros dem Jüngeren, Sohn von Darius II., König des Persischen Reiches, oder der Eroberung Indiens durch Alexander den Großen, verfasst für Ludwig Salvator von dessen Vater Leopold II. 1860 im Exil (Ostrov nad Ohří/Schlackenwerth). Es finden sich auch mehrere Dokumente über die Geschichte des österreichischen Imperiums, des böhmischen Königreichs, des Königreichs Ungarn und des mittelalterlichen Europas sowie Informationen über die Geschichte des Papsttums und die Kirche. Verschiedene Wissenschaften sind durch Mathematik-, Physik- und Optiklektionen vertreten. Zusätzlich zu den Textdokumenten sind 43 Zeichnungen von Käfern, Mollusken und Krustentieren bewahrt (NA Praha, RAT, Ludwig Salvator, I/b, Studien und Berufsbildung, Nr. 12–14). Ludwig Salvators Fortschritte in den Sprachstudien der Jahre 1863 bis 1865 sind an den eigenhändig verfassten ersten Essays erkennbar: nämlich Französisch in „Conio e fragolette. Une tableau de la vie Venetienne", Englisch in „Grave of Winckelmann at Triest" und Deutsch in der dalmatischen Liebeslegende „Georgis und Waina" (NA, FA Toskana/Habsburg, Ludwig Salvator, III/a, Wissenschaftliche, berufliche und literarische Tätigkeiten).

Die elterliche Fürsorge hinsichtlich der Erziehung und der intellektuellen Entwicklung ihres begabten Sohnes kann in den Dokumenten, welche die Ausstattung und Organisation von Ludwig Salvators Studien betreffen, sehr gut nachverfolgt werden. So finden sich beispielsweise Informationen zur Wahl von Ludwig Salvators Quartier in der Hauptstadt des böhmischen Königreichs, damit er nicht zwischen diesem und dem Schloss Brandýs nad Labem pendeln musste, sowie zur Auswahl der Professoren der Prager Universität für seinen Privatunterricht (NA Praha, RAT, Ludwig Salvator, I/d, Die wirtschaftlichen Angelegenheiten und Rechnungen). Kaiser Franz Joseph I. riet Ludwig Salvator dazu, direkt im damals zumeist unbewohnten Prager Schloss unterzukommen (siehe NA, FA Habsburg/Toskana, Leopold II./2, Nr. 177 und ebenda, II/b, Die persönliche Korrespondenz. Die Korrespondenz aus den Jahren 1890, 1897–1913 mit Prof. Randa wird aufbewahrt in NA, FA Randa-Kruliš, sign. 5/35, 5/37, 32/32–32/36).

Ludwig Salvator erwarb und erweiterte sein Wissen auch mittels Korrespondenzen mit europäischen wissenschaftlichen Kapazitäten, Reisenden, Entdeckern sowie wissenschaftlichen Gesellschaften (NA, FA Habsburg/Toskana, Ludwig Salvator, II/b, Die persönliche Korrespondenz, z. B. Schaufuss, Parlatore, Mühlberg und die Korrespondenz mit Institutionen).

Wie jedes männliche Mitglied des Kaiserhauses musste sich auch Ludwig Salvator dem Militärdienst widmen. Er kommandierte das in Budapest stationierte 58. Infanterieregiment. 1871 machte Ludwig Salvator ein Praktikum im Gouverneursbüro in Prag, um mit der Funktionsweise der Verwaltung in der österreichisch-ungarischen Monarchie vertraut zu werden.

Es gibt eine interessante Gruppe verschiedener Dokumente, die Ludwig Salvators Reisen sowie deren finanziellen und organisatorischen Aufwand in den Jahren 1861 bis 1864 beleuchten. Sie geben Aufschluss über seinen Aufenthalt in Venedig, seine ersten Reisen in die Lombardei, nach Istrien und Dalmatien im Jahr 1864, seine Reise nach Helgoland 1865, seinen Aufenthalt in Gibraltar und Tunesien im Jahr 1869 sowie seine Reise in die Vereinigten Staaten von Amerika 1876 (NA, FA Habsburg/Toskana, Ludwig Salvator, insbesondere das umfassende Rechnungensign. I/d; II/a–II/b Persönliche und Familienkorrespondenz).

Die Archivalien dokumentieren seine ersten Reisen zu den Balearischen Inseln in den Jahren 1867 und 1871, seinen Aufenthalt auf den Liparischen Inseln 1869 und die Kreuzfahrten im Mittelmeer mit seiner Dampfyacht „Nixe". Die Rechnungen und die Korrespondenz mit dem Kapitän (Alois Adalbert Randich) der Yacht sowie mit anderen Besatzungsmitgliedern (Heinrich Littrow, Alfred Prest, Otto Schlick und Robert Whitehead) vermitteln Forschern einen Einblick in den Bau und die Reparaturen der „Nixe", ihre Betriebskosten, die Hafen- und Liegegebühren, den Ankauf von Versorgungsgütern und die Zahlungen an die Besatzungsmitglieder (47 NA, FA Habsburg/Toskana, Ludwig Salvator, I/d, Rechnungen; II/b, Die persönliche Korrespondenz).

Ludwig Salvators Kreuzfahrten durch die Adria und zu den Mittelmeerinseln mit der Yacht „Nixe" haben ihren Ursprung bereits in seinen ersten Kontakten mit der adriatischen Küste während seines Venedigaufenthaltes in den Jahren 1861 bis 1864. Zu Beginn seiner ersten Expedition (NA, FA Habsburg/Toskana, Ludwig Salvator, I/a, Reisen 1864, Nr. 10), die fast zwei Monate dauerte (vom 16. August bis zum 2. Oktober 1864) und die in Venedig ihren Anfang nahm, plante Ludwig Salvator gemeinsam mit seinem Tutor Eugenio Sforza, mit einem Lloyd's-Dampfer nach Triest zu reisen. Dort sollten sie die Küste entlangfahren, an Muggia und Capo d'Istria vorbeikommen, über Opatija, Rijeka und Pula bis nach Zadar reisen, von dort an den Inseln vor der dalmatinischen Küste vorbei nach Bakar, nach Dubrovnik und weiter von der Bucht von Kotor bis in den Süden nach Budva fahren. Danach sah der Plan vor, bei gutem Wetter über Land weiter nach Süden durch den Hafen zur Festung Castellastva, nach Presiek und von dort bis hin ins albanische Shkodër zu reisen. Bei schlechtem Wetter beabsichtigten sie, mit dem Lloyds Dampfer von Budva aus die Rückfahrt nach Kotor anzutreten. Von dort sollten sie die Inseln Korčula, Hvar und Vis besuchen. Split wäre am Ende der Reise an der

Reihe gewesen. Von dort wollten sie weiter nach Zadar fahren und wären am 2. Oktober wieder in Triest angekommen (NA, FA Habsburg/Toskana, Ludwig Salvator, III/a, Die wissenschaftlichen Papiere. Bis heute nicht analysiertes und unveröffentlichtes eigenhändig erstelltes Dokument Ludwig Salvators über seine Reise nach Istrien und Dalmatien (ohne Titel), 1864, Autograf, deutschsprachig, 1896 Seiten).

Neben anderen Reiseberichten Ludwig Salvators, die veröffentlicht wurden, ist das Manuskript seines Tagebuches über die 1873 unternommene Reise durch Nordafrika in Ludwig Salvators Archivdokumenten erhalten geblieben. Dieses Reisetagebuch wurde vom Prager Verlag Heinrich Mercy & Sohn unter dem Titel „Yachtreise in den Syrten. 1873." (Salvator 1874) veröffentlicht. Ludwig Salvators Archiv enthält auch einen Teil eines eigenhändig erstellten Textes über den Golf von Korinth sowie ein Fragment der Ausgabe von „Der Golf von Buccari – Porto Ré" aus dem Jahr 1871 und von „Levkosia, Hauptstadt von Cypern" aus dem Jahr 1873 (NA, FA Habsburg/Toskana, Ludwig Salvator, III/a, Die wissenschaftlichen Papiere).

Alle Arbeiten Ludwig Salvators stehen in Verbindung mit Korrespondenzen mit Prager Künstlern, Illustratoren und Xylografen, die an der Erschaffung der bildnerischen Ergänzungen seiner Veröffentlichungen teilnahmen, sowie mit Abrechnungen von Zahlungen an Verlage und Kunstwerkstätten (NA, FA Habsburg/Toskana, Ludwig Salvator, II/b, Die persönliche Korrespondenz aus den Jahren 1862–1876; ibid., I/d Bills, 1866–1915).

Dieses Material erlaubt die Rekonstruktion der Organisation während der Vorbereitung von Ludwig Salvators Veröffentlichungen – von der Drucklegung des Manuskriptes über die grafische Gestaltung und die Erstellung der Illustrationen bis hin zu Druck und Vertrieb.

Den größten Teil von Ludwig Salvators Archiv macht die Korrespondenz aus, die rund 2200 Briefe aus den Jahren 1861 bis 1876 umfasst. Diese Briefe stammen von insgesamt 470 Absendern und sind gemäß ihren Autoren alphabetisch in mehrere Gruppen geordnet. Die erste Gruppe beinhaltet rund 600 Briefe, die Ludwig Salvator von seinen nächsten Verwandten (NA, FA Habsburg/Toskana, Ludwig Salvator, II/a, Die Familienkorrespondenz, 1861–1876): die Briefe von Ludwig Salvators Vater, Leopold II. (93 Stück); seiner Mutter Maria Antonia (230 Stück); seinem Bruder Ferdinand IV. (60 Stück); seinem Bruder Karl Salvator (13 Stück); seinem Bruder Johann Salvator (37 Stück); seiner Stiefschwester Augusta Ferdinanda (7 Stück); seiner Schwester Maria Isabelle (19 Stück) und seiner Schwester Maria Luisa (86 Stück); Prinz Karl von Isenburg-Birstein (3 Stück), von Mitgliedern der österreichischen Kaiserfamilie sowie von Angehörigen der verwandten europäischen Höfe erhielt (NA, FA Habsburg/Toskana, Ludwig Salvator, II/a, Die Familienkorrespondenz).

Eine weitere Gruppe mit rund 1600 Briefen kann in zwei Teile unterteilt werden: eine lange Reihe von Briefen, die Ludwig Salvator von zahlreichen prominenten Persönlichkeiten der Wissenschaft wie auch von Unbekannten erhielt, mit denen er (unter dem Pseudonym Graf von Neudorf) zusammentraf (mit einigen von ihnen korrespondierte er während seines ganzen Lebens). Der kleinere Teil besteht aus Korrespondenzen mit verschiedenen Institutionen. Die Briefe gingen an Ludwig Salvators Adresse aus Österreich, Böhmen, Ungarn, Deutschland, Frankreich, Italien, Spanien, Istrien, Dalmatien, Griechenland, England, den Vereinigten Staaten von Amerika, Nordafrika und aus anderen Territorien. Zur besseren Orientierung der Forscher sind die Korrespondenzen alphabetisch nach Absendern geordnet. Die Briefe enthalten nicht nur wichtige Daten und Informationen über Ludwig Salvators Forschung und seine wissenschaftlichen und publizistischen Tätigkeiten, sondern auch höfliche Grüße oder Dankesbekundungen, Anfragen um finanzielle Unterstützungen für Individuen und Subventionen für Institutionen sowie Bewerbungen um eine Stelle in seinen Diensten.

Aufgrund der nahezu 500 verschiedenen Absender ist es nicht möglich, auch nur die wichtigsten in diesem Artikel aufzuzählen. Um jedoch eine Idee zu vermitteln, werden hier die Absender aufgelistet, die mit dem Empfänger eine enge Beziehung unterhielten. Zuerst sind die engsten Mitarbeiter und Freunde zu erwähnen wie: Eugenio Sforza, Alois Pazelt, Vratislav Výborný, Laura de Brady und Leopoldine Procházka, sowie Prager Künstler, die wesentlich zur Vorbearbeitung von Ludwig Salvators Werken für deren Veröffentlichung beitrugen, nämlich Bedřich Havránek, Václav Fousek, František Kliment, Quido Mánes, Bedřich Wachsmann, Emanuel Max oder Joseph Matthias Trenkwald; Herausgeber von Ludwig Salvators Werken wie Heinrich Mercy in Prag (Staatsgebietsarchiv Prag, Kreishandelsgericht Prag, sign. A XI 240, Kart. 1136), Leo Woerl in Leipzig und der berühmte F. A. Brockhaus; die Prager Professoren Vincenz Kostelecký, Moritz Willkomm, Viktor Zepharovic, Friedrich Stein; einige Wissenschaftler, Entdecker und Reisende wie Ludwig Schaufuss, Georg Mühlberg, Eduard Jakob Steinle, Orazio Borzi, Filippo Parlatore, Karl Scherzer oder Hochstetter; Repräsentanten der kaiserlichen Verwaltung und des Generalstabs der Armee der Habsburger-Monarchie: Gyula Andrassy, Friedrich Becke, Richard Belcredi, Franz Crenneville; Offiziere von Ludwig Salvators Regiment: Karl Schauer, Anton Wanner; Verwalter seines Herrengutes Brandýs nad Labem und Repräsentanten in Wien: Vinzenz Alter, Franz Swoboda, Adolf Erber, Joseph Scheda, Franz Haberler, Luigi Magni; Mitarbeiter auf den Liparischen Inseln: Angelo Pajno oder Luigi Farina. Rund 40 Autoren von den Balearen sind ebenfalls im Korrespondenzarchiv vertreten: unter anderen Francisco de los Herreros, Magdalena de los Herreros, José Luis Pons, Emilio Pou y Bonet, Theodor Alcover, Rafael und Francisco Prieto, Mateo Obrador, Francesco Cardona y Orfila, Peréz Arcas, Fernando Cotoner, Spiridion Ladin oder das Museo Balear sind einige davon.

Auch die Namen der Personen, die mit Ludwig Salvators Yacht „Nixe" in Verbindung standen, wie Heinrich Littrow, Alois Randich, Robert Whitehead, Otto Schlick, Alfred Prest oder Anton Schnabel, oder Angehörige der dalmatinischen Behörden wie Franz Philipović, Franz Milković und Raimond Bakić sollten nicht vergessen werden.

Die Bedeutung von Ludwig Salvators Forschungsarbeit und sein wissenschaftlicher Ruf werden durch die Briefe mehrerer europäischer wissenschaftlicher Gesellschaften und Institutionen belegt, die ihn zum Ehrenmitglied ernannten, zum Beispiel die Geographische Gesellschaft Wien, die Zoologische Gesellschaft Wien, der Wiener Thierschutz Verein, das spanische Kommissariat in Wien für die Weltausstellung von 1873, das Wiener Komitee für die Nordpolexpedition sowie die Gesellschaft für Erdkunde in Berlin.

Um Ludwig Salvators Reisen zu organisieren, war es sehr wichtig, engen Kontakt mit den diplomatischen Vertretungen in verschiedenen Ländern zu halten, wie etwa zu den österreichischen Konsulaten oder zu wichtigen lokalen Persönlichkeiten, die zu Honorarkonsuln ernannt worden waren. Sie arrangierten für den Grafen von Neudorf einen sicheren Aufenthalt, besorgten Information oder übermittelten auch nur die Korrespondenz. Deshalb können im Archiv Briefe von den Konsularbüros in Neapel, Messina, Malta, Ibiza, Larnaca, Tunesien und den Vereinigten Staaten von Amerika gefunden werden. Die Dokumente, die die finanziellen Angelegenheiten der Jahre 1861 bis 1915 betreffen, sind für das Studium von Ludwig Salvators Leben und seinen Aktivitäten gleichermaßen bedeutsam. Unter diesen Dokumenten befinden sich rund 1000 Rechnungen, Aufstellungen über Einnahmen und Ausgaben, Ludwig Salvators Anweisungen für die Verwalter seines Herrenguts Brandýs nad Labem zur Bezahlung der Schulden aus der Gutskasse, Erbangelegenheiten bezüglich Leopold II. aus den Jahren 1870 bis 1872, Vereinbarungen zwischen den Brüdern bezüglich der Aufteilung des Eigentums nach dem Tod ihres Vaters Leopold II. und Gewinne, die aus den Verkäufen und Einnahmen der Gutshäuser in der Toskana erzielt wurden (NA, FA Habsburg/Toskana, Ludwig Salvator, I/d, Nr. 16, Die Erbschaftsverfahren).

Rechnungen, Quittungen und Buchhaltungsbücher zeigen, wie Ludwig Salvator all seine Aktivitäten finanzierte, wie etwa die Studien, Publikationen, Bauvorhaben, Umbauten und die Instandhaltung seiner Residenzen in Prag und auf Mallorca. Zahlungen für Dienstleistungen, Ankäufe von Ausstattungsobjekten für seine Residenzen (Möbel), Artikel des täglichen Gebrauchs, Luxusgüter, Lebensmittel, der Erwerb von Medizin für seine Reisen, die Finanzierung seiner Reise- und Forschungstätigkeiten, Spesenzahlungen an seine Mitarbeiter, Auslagen für den Ankauf von Büchern, Enzyklopädien, Sammlungsobjekte sowie die Kosten für den Betrieb, die Instandhaltung und die Besatzung der Yacht „Nixe" sind ebenfalls dokumentiert.

Des Weiteren ist es möglich, mit hoher Genauigkeit Ludwig Salvators Bewegungen während einiger seiner Reisen nachzuverfolgen, da Buchhaltungsunterlagen wie Hotelrechnungen (z. B. von der Reise nach Helgoland 1865 oder nach Tripolis 1873) erhalten sind.

Schließlich soll auf eine wichtige Gruppe schriftlicher Dokumente hingewiesen werden, die sich auf die Balearen beziehen, welche zu Ludwig Salvators zweiter Heimat wurden. Ludwig Salvator bereiste diese Inseln im Sommer 1867. Der Kern dieser umfassenden Dokumentation besteht aus 150 Briefen aus den Jahren 1867 bis 1876, die von dem mallorquinischen Gelehrten Francisco de los Herreros aus Valldemossa auf Französisch verfasst wurden. Ab Ludwig Salvators erstem Aufenthalt auf Mallorca wurde Herreros zu seinem engsten Mitarbeiter, der nicht nur als fachlicher Berater und Forschungskoordinator wirkte, der für das Sammeln der Materialien für Ludwig Salvators Werk über die Balearen verantwortlich war, sondern auch als Vollstrecker von Ludwig Salvators Angelegenheiten und als Verwalter der neu erworbenen Gutshäuser diente und schließlich auch ein Freund der Familie wurde. Neben Herreros Korrespondenz enthält Ludwig Salvators Archiv rund 300 Blätter mit umfassender Information, die Daten bezüglich Geschichte, Geografie, Demografie, Klima, Religion, Flora und Fauna der Inselgruppe, Daten meteorologischer Beobachtungen, Analysen und Fragmente mallorquinischer Prosa und Lyrik aus der Zeitspanne zwischen dem 13. und dem 19. Jahrhundert beinhaltet und zur Grundlage für Ludwig Salvators Werk „Die Balearen" wurde (NA, FA Habsburg/Toskana, Ludwig Salvator, I/d, Nr. 85).

Von kleinen Ausnahmen abgesehen, ist im Archiv leider fast keine eigenhändige Aufzeichnung erhalten, die mit Ludwig Salvators fundamentalem und enzyklopädischem Werk über die balearischen Inseln in Zusammenhang steht, für welche er vom Internationalen Kongress der Geographischen Gesellschaft, der 1875 in Paris stattgefunden hat, eine Goldmedaille erhielt (NA, FA Habsburg/Toskana, Ludwig Salvator, Nr. 9).

Im Jahre 1871 organisierte Herreros die Anmietung der Villa des Fürsten Formiguera in Palma de Mallorca für Ludwig Salvators zweiten Aufenthalt auf Mallorca und überwachte auch die Bauarbeiten des gemieteten Teils sowie die Ausstattung mit Möbeln. Während seines zweiten Aufenthaltes entdeckte Ludwig Salvator die wilde Schönheit der Nordwestküste Mallorcas. Besonders faszinierte ihn das frühere Kloster Miramar, das er 1872 erwarb. Ludwig Salvator ließ es zu seiner Residenz umbauen, die sein neues Zuhause wurde. In den nächsten Jahren kaufte Ludwig Salvator weitere Gutshäuser, wozu sich im Prager Archiv aber keine Belege finden. Ludwig Salvator ließ darüber hinaus an der Küste unterhalb von Miramar die Villa S'Estaca im Stil der Liparischen Inseln erbauen (NA, FA Habsburg/Toskana, Ludwig Salvator, I/d, Nr. 17, Die Originalzeichnung der Villa S'Estaca).

Zusammenfassend kann gesagt werden, dass es zahlreiche Archivquellen gibt, die über Ludwig Salvators Leben Auskunft geben: die umfassenden Prager Archivdokumente des Familienarchivs der Toskana-Habsburger, bis heute erhaltene Sammlungen Ludwig Salvators aus dem Schloss Brandýs nad Labem, Dokumente über die Herrschaft Brandýs nad Labem (Brandeis) selbst und die Gruppe der Dokumente namens „Eigentümer-Archiv" aus den Jahren 1865 bis 1915, im Staatsgebietsarchiv Prag, Großgrundbesitz [Velkostatek] Brandýs nad Labem, Karton 1–14a, Korrespondenz von Leopold II. und Ludwig Salvator mit den Verwaltern der Herrschaft sowie Zahlungen von Ludwig Salvators Apanagen und Rechnungen für seine Auslagen, die einen integralen Bestandteil der Dokumentation des Herreguts Brandýs nad Labem darstellen und im staatlichen Gebietsarchiv in Prag aufbewahrt werden. Weiters finden sich Unterlagen zu Ludwig Salvators Herrenhäusern auf Mallorca, anderen Balearischen Inseln und schließlich noch die persönliche Hinterlassenschaft Ludwig Salvators in Wien (Nachlass Erzherzog Ludwig Salvator, 1876–1915).

Zusammengenommen stellt diese gesamte Dokumentation einen scheinbar unendlichen Quellenschatz dar, in dem alle Nuancen des Lebens und Schaffens dieser so prominenten und bislang unzureichend gewürdigten Persönlichkeit, die Ludwig Salvator zweifelsohne war, dargestellt sind.

5. Struktur des Bestandsteils „Ludwig Salvator" im Rahmen des „Familienarchivs der Habsburger/Toskana" im Nationalarchiv Prag

I. Materialien zum Lebenslauf
1. Personaldokumente (Urkunden, Patente, Diplome), 1861–1915
2. Studium und Fachvorbereitung, 1859–1869
3. Autobiografische Texte, 1871–1874
4. Wirtschafts- und Vermögensunterlagen, 1859–1917

II. Korrespondenz
1. Familienkorrespondenz
   a. Korrespondenz mit Mitgliedern seiner eigenen Familie, 1861–1876
   b. Korrespondenz mit weiteren Mitgliedern des Hauses Habsburg, 1862–1876
   c. Korrespondenz mit anderen Herrscherfamilien, 1862–1876
2. Personalkorrespondenz
   a. Korrespondenz mit Einzelpersonen (alphabetisch geordnet), 1862–1889
   b. Korrespondenz ohne Identifizierung, 1862–1876
   c. Korrespondenz an unbekannte Personen, 1869
   d. Amts- und Behördenkorrespondenz, 1867–1889

    e.   Visitenkarten, sine dato = s. d.

    f.   Umschläge, 1869–1876

III. Wissenschaftliche und literarische Tätigkeit

    1.   Wissenschaftliche Arbeiten, 1864–1874

    2.   Hilfs- und Studienmaterialien, 1863–1879

IV. Öffentliche Tätigkeit

    1.   Militärische Angelegenheiten, 1867–1876

V. Illustrationsmaterial

    1.   Feierreden, 1873–1875

    2.   Erzherzogin Mathilde, 1867

VI. Fremdprovenienzsachen

    1.   Drucke, 1856–1908

    2.   Pläne, nach 1885

    3.   Zeitungsausschnitte, 1874–1875

    4.   Fotografien, 1870- bis 1880er-Jahre

    5.   Varia, s. d.

6. Literatur

Gregorovičová, E. 2009. „Le tracce dell'Arciduca Lodovico Salvatore in Boemia. Le fonti archivistiche, iconographiche, bibliotecarie e collezionistiche nelle istituzioni Praghesi." *Borgolauro. Rivista semestrale di storia lettere e arti della Fameia Muiesana* XXX, 56: 32–46.

Gregorovičová, E. 2013. „Kapitoly z dějin rodinného archivu toskánských Habsburků." Praha: Národní Archiv.

Gregorovičová, E. 2015. „Auf den Spuren des Erzherzogs Ludwig Salvator von Österreich in Böhmen. Archiv-, Bücher und Bilderfundus zu Ludwig Salvators Leben und Werk in den kulturellen Einrichtungen von Prag." In *Jo l'Arxiduc. El desig d'anar més lluny* herausgegeben von Riera C., 254–26. Palma de Mallorca: Comunidad Autónoma de las Illes Balears.

Mader, B., Gregorovičová, E., Mašek, P., Němeček, M., Novák, Hyka, M. und J. Hyka. 2005. „Ludvík Salvátor, vědec a cestovatel." Stará Boleslav: Brandýs nad Labem.

March, J. 1983. „S'Arxiduc. Biografía ilustrada de un príncipe nómada." Barcelona: de Olañeta.

[Salvator, L.] 1874. „Yacht-Reise in den Syrten. 1873." Prag: Heinrich Mercy & Sohn.

Salvator, L. 1879–1891. „Die Balearen in Wort und Bild I.–VII." Leipzig: Brockhaus.

Salvator, L. 1893–1896. „Die Liparischen Inseln. I–VIII." Prag: Heinrich Mercy & Sohn.

Schwendinger, H. 2005. „Erzherzog Ludwig Salvator. Der Wissenschaftler aus dem Kaiserhaus." Palma de Mallorca: de Olañeta.

7. Illustrationen

Abb. 1: Karte der Toskana mit Porträt des Grossherzogs Peter Leopold (später Kaiser Leopold II.) und dem Wappen von toskanischen Städten, 1780, Francesco Giachi. Foto: NA Prag, FA Habsburg/Toskana, Karten und Pläne, Nr. 150.

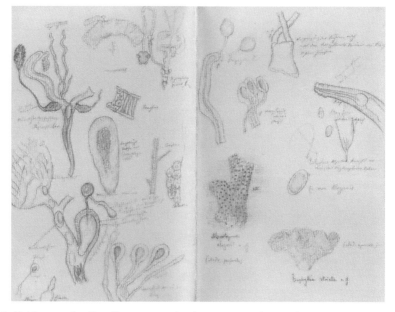

Abb. 2: Zeichnung der Korallen mit Beschreibung von Ludwig Salvator. Foto: NA Prag, FA Habsburg/Toskana, Ludwig Salvator, Nr. 15.

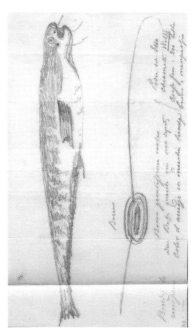

Abb. 3: Fotografie Ludwig Salavators mit Mutter, Geschwister und Erziehern: von links Ludwig Salvator, Marie Antonie, Schwester Luise, verh. Isenburg-Birstein, Eugenio Sforza, Marie Ferdinanda von Sachsen, Großmutter, Johann Nepomuk und Alexander Piers. Foto: NA Prag, FA Habsburg/Toskana, Fotografien, Porträts.

Abb. 4: Zeichnung eines in Brandeis gefangenen Fisches, vom Vater an Ludwig Salvator zur Identifizierung geschickt. Foto: NA Prag, FA Habsburg/Toskana, Ludwig Salvator, Nr. 88.

Abb. 5: Der Orden des Goldenen Vlieses wurde an Ludwig Salvator am 18.8.1868 vom Kaiser Franz Joseph I. erteilt. Foto: NA Prag, FA Habsburg/Toskana, Ludwig Salvator, Nr. 3.

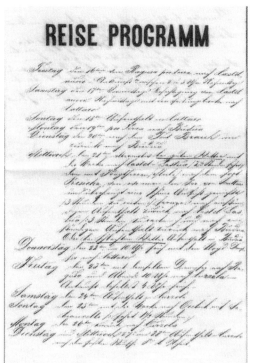

Abb. 7: Fotografie des Großherzogs Leopold II. von Toskana, Vater Ludwig Salvators, 1860iger-Jahren. Foto: NA Prag, FA Habsburg/Toskana, Fotografien, Visitenfotografien.

Abb. 6: Programm einer zweimonatigen Reise von Ludwig Salvator und Eugenio Sforza nach Istrien und Dalmatien im Jahre 1864. Foto: NA Prag, FA Habsburg/Toskana, Ludwig Salvator, Nr. 11.

Abb. 8: Telegramm vom 8.3.1918 über den Transport der sterblichen Überreste von Ludwig Salvator von Brandeis nach Wien. Foto: SOA Prag, Herrschaft Brandeis, Nr. 761, Sign. II /15 D.

Adresse der Autorin:

Dr. Eva Gregorovičová
Nationalarchiv Prag (Národní archiv)
Archivní 4, CZ-149 01 Praha 4

Anhang

Chronologie Erzherzog Ludwig Salvators

Helga Schwendinger

Zu Ehren des 100. Todestages von Erzherzog Ludwig Salvator am 12. Oktober 2015 stellte ich in den Räumen des städtischen Archivs in Palma de Mallorca eine Ausstellung zusammen. Als Organisatoren fungierten das Arxiu Municipal de Palma de Mallorca, C' an Bordils, unter der Leitung des inzwischen pensionierten Direktors Dr. Pedro de Montaner, und das Nationalarchiv der Tschechischen Republik in Prag, konkret die Kuratorin des Familienarchivs Toskana, Dr. Eva Gregorovicová. Die Ausstellung bestand aus zwei Teilen:

1. Tafeln, welche die Geschichte der Habsburger als Großherzöge der Toskana, Peter Leopold, Ferdinand III., Leopold II. und Ferdinand IV. (nominell), seit dem Aussterben der Medici 1737 bis zur Vertreibung durch die Truppen Garibaldis im Jahre 1859 behandeln; und eine Biografie Erzherzog Ludwig Salvators bis zu dessen erstem Besuch auf Mallorca (Familie, Geburt und Erziehung, erste Reisen und Publikationen) sowie dessen Arbeit über die Balearischen Inseln .

2. Eine Vielfalt von Exponaten: Manuskripte, Fotografien, Briefe und Zeichnungen. Im Katalog[1] befindet sich auf den Seiten 201 bis 229 eine kommentierte Liste der ausgestellten Primär- und Sekundärliteratur.

Um vor allem den mallorquinischen Besuchern, welche den „s' arxiduc" (katalanisch Archiduque = Erzherzog) als einen der ihren bezeichnen und für sich reklamieren, aber kaum Genaueres über ihn wissen, als dass er einige Jahre auf ihrer Insel lebte, den 15 Kilometer langen Küstenstreifen zwischen Valldemossa und Deyá mit Guts- und Herrenhäusern aufkaufte und eine Reihe von Büchern über ihre Insel schrieb, die aber Einheimische kaum lesen, war zunächst eine ausführliche Chronologie über die wichtigsten Stationen seines Leben, seine Reisen und Publikationen, Auszeichnungen und Ehrungen notwendig.

Diese soll dazu dienen, Fragen wie: „Was hatte der Erzherzog mit Florenz zu tun?" – gestellt von der zuständigen Kulturbeauftragten im Rathaus von Palma – zu beantworten. Oder: Warum kennt den ungewöhnlichen Erzherzog heute in Österreich kaum jemand – weil er nur einer von vielen war? –, hingegen die Mallorquiner Ludwig Salvator „unseren Arxiduc" nennen, aber bis heute nicht wissen, wer er wirklich war.

---

1 Von Florenz nach Mallorca über Prag: Erzherzog Ludwig Salvator. Florenz 1847 –Brandýs 1915. Zu Ehren seines 100. Todestages. From Florence to Mallorca via Prague: Archduke Ludwig Salvator. Florence 1847 – Brandýs 1915. 1st centenary of his death. Servei d`arxius, Arxiu Municipal de Palma, Rúbrica 24 (Palma 2015).Von diesem Katalog existierte auch eine spanische/katalanische Ausgabe.

Chronik eines Nomadenlebens[2] 1847–1915

1867 August: Reise Ludwig Ss auf die Balearen zusammen mit seinem Lehrer, Baron Sforza. Ludwig Salvator wird zum Ritter des Ordens vom Goldenen Vlies.

1868 LSs Bruder, Ferdinand IV. von Toskana, heiratet in zweiter Ehe Alicia von Bourbon (1849–1935), die Tochter von Herzog Karl III. von Parma. Das Werk *Excursions artistiques dans la Vénétie et le Littoral*: gewidmet seiner Mutter. *Süden und Norden. Zwei Bilder: über Valencia (Süden) und Helgoland (Norden)* erscheint.

1869 Ludwig Salvator besucht die Liparischen Inseln im Süden von Italien. — *Beitrag zur Kenntnis der Coleopteren-Fauna der Balearen.* — *Tabulae Ludovicinae*: Fragebogen in Deutsch, Französisch und Italienisch zum Sammeln von Informationen. — *Die Balearen. In Wort und Bild geschildert, 1. Band*: gewidmet Kaiser Franz Joseph (neun Bände bis 1897).

1870 29. Januar: Der Ex-Großherzog der Toskana Leopold II. stirbt auf einer Reise in Rom. Sein ältester Sohn, Ferdinand IV., wird nominell Großherzog der Toskana. Ludwig Salvator erbt Schloss Brandeis. Ludwig Salvator wird der böhmischen Statthalterei in Prag zugeteilt, um die politische Verwaltung der Monarchie zu erlernen. — *Tunis. Ein Bild aus dem nordafrikanischen Leben.* — *Die Serben an der Adria* (1870–1878).

1871 12. Juli: Beginn der Konstruktion der erzherzoglichen Yacht „Nixe I" im Stabilimento Tecnico di Fiume (Rijeka/Kroatien). Zweite Reise LSs nach Mallorca. In Palma mietet er für einige Monate den ersten Stock des Can Formiguera. — *Der Golf von Bucchari-Porto Ré. Bilder und Skizzen*: gewidmet Kaiserin Elisabeth.

1872 22. August: Stapellauf der „Nixe I". Erste Probefahrt am 18. Februar 1873, offizielle Einweihung am 28. Februar. Ludwig Salvator kauft das Anwesen Miramar in der Sierra de Tramuntana (Mallorca). Für viele Jahre wird dieses Gut sein Lebensmittelpunkt sein.

1873 Ludwig Salvator besucht die Weltausstellung in Wien. — *Der Djebel Esdoum.* — *Das Salzgebirge von Sodoma.* — *Levkosia, die Hauptstadt von Cypern.*

1874 Reise entlang der nordafrikanischen Küste vom 1. April bis zum 15. Juni. — *Yacht-Reise in den Syrten* (1873).

1875 Großherzogin Maria Antonia besucht ihren Sohn das erste Mal auf Mallorca. Ludwig Salvator wird zum Ehrenmitglied der k. u. k. Geographischen Gesellschaft in Wien ernannt und nimmt am Internationalen Geographischen Kongress in Paris teil, wo er die höchste Auszeichnung

---

2 Von Florenz nach Mallorca, S. 27ff.

(Lettre de Distinction) erhält. — *Einige Worte über die Kaymenen* (Juli 1874).

1876 Kauf von Zindis/San Rocco in der Nähe von Muggia/Triest: zuerst die „Obere Villa" und dann die „Untere Villa" samt Ländereien. Besuch der Ausstellungen von Brüssel und Philadelphia. Reise nach Kalifornien. — *Eine Spazierfahrt im Golfe von Korinth*: gewidmet Kronprinz Rudolf.

1877 Zweiter Besuch der Mutter LSs auf Mallorca am 6. Juli. Ernennung zum „Hijo illustre de Palma". Ehrenmitglied des Cercle Litteraire de Byron in Athen.

1878 Goldmedaille auf der Weltausstellung von Paris für die ersten beiden Bände von *Die Balearen*. Erster Kontakt mit dem Verleger und Buchhändler Leo Woerl aus Leipzig. — *Eine Blume aus dem Goldenen Lande oder Los Angeles*.

1879 Protektor des St. Lukas-Vereins in Prag. Antoni Vives heiratet in erster Ehe Luisa Venezze y Fole. Sie stirbt am 8. Februar 1896 bei der Geburt ihres vierten Kindes in Son Marroig. — *Die Karawanenstrasse von Ägypten nach Syrien*.

1881 Kronprinz Rudolf heiratet Prinzessin Stephanie, die Tochter des belgischen Königs. Teilnahme am Geographischen Kongress in Venedig, wo Ludwig Salvator für *Die Balearen* das Ehrendiplom der 1. Klasse der k. u. k. Geographischen Gesellschaft in Wien erhält. Ehrenmitglied der Royal Geographic Society (London), des Vereins für Erdkunde (Metz) und der Hungarian Social and Mutual Aid Society of the Pacific Coast. — *Um die Welt ohne zu wollen. — Bizerta und seine Zukunft. — Die Stadt Palma (Separatdruck). — Levcosia, the capital of Cyprus. — The caravan route between Egypt and Syria*.

1882 Korrespondierendes Mitglied der Real Acacademia Lucchese di Scienzie, Lettere es Arti (Lucca, 20. März). Ehrenmitglied der Ungarischen Geographischen Gesellschaft in Budapest.

1883 Ehrenmitglied der Geographischen Gesellschaft für Thüringen (Jena). Ehrenmitglied der Academia de Bellas Artes (Palma). Ehrenmitglied der Società Africana d'Italia (Neapel, 30. Mai). — *Um die Welt ohne zu wollen. Mit 100 Illustrationen*.

1884 Ehrenmitglied der Società Geografica Italiana (Rom). Unterstützendes Mitglied der Sociedad Española de Salvamento de Náufragos (Madrid).

1885 Ernennung zum Mitglied des Club Turístico Austriaco (1. Juli). — *Karavanska cesta z Egypta do Syrie. — Los Angeles in Südkalifornien. Eine Blume aus dem goldenen Lande*.

1886 *Hobarttown oder Sommerfrische in den Antipoden. — Lose Blätter aus Abbazia*.

1887 *Feuilles volantes d'Abbazia. — Paxos und Antipaxos im Ionischen Meere.*

1889 Tod des Kronprinzen Rudolf und seiner Geliebten, Baroness Marie Vetsera, in Mayerling. Korrespondierendes Mitglied der Sociètè Acadèmique Indo-Chinoise de France pour l'Étude Scientifique et economique de l'Inde Transgangétique, de l'Inde Française et de la Maslasie (Paris). Mitglied der Società Entomologica Italiana (Florenz). Ehrenmitglied der Akademie der Wissenschaften in Wien.

1890 Erzherzog Johann Nepomuk Salvator (ab 1889 bekannt unter dem Pseudonym Johann Orth), Bruder von LS, wird mit seinem Schiff seit 15. August nach einem Gewittersturms am Kap Horn vermisst. Am 6. Mai 1911 wird er vom Hof offiziell für tot erklärt. — *Die Insel Menorca (Separatdruck). — Eine Yachtreise an den Küsten von Tripolitanien und Tunesien. —Helgoland, eine Reiseskizze.*

1892 Kaiserin Elisabeth von Österreich (Sisi) besucht im Dezember das erste Mal Mallorca mit ihrer Yacht „Miramar". Erzherzog Karl Salvator, ein Bruder LSs, stirbt.

1893 Kaiserin Elisabeth besucht Mallorca im Januar zum zweiten Mal. Am 5. Juli erleidet die erzherzogliche Yacht „Nixe I" Schiffbruch vor dem Cap Caxine (Algerien). Silbermedaille bei der Exposición Historica Europea anlässlich der 400-Jahrfeier der Entdeckung Amerikas 1492–1892 am 17. August in Madrid. — *Die Liparischen Inseln (1893–1896): Volcano, Salina, Lipari, Panaria, Filicuri, Alicuri und Stromboli.*

1894 Ludwig Salvator kauft die Yacht „Hertha" vom Prinzen Johann II. Liechtenstein und tauft sie auf „Nixe II" um. Besuch der Ausstellung von Mailand. Baron Eugen Sforza stirbt im Alter von 74 Jahren in Montinoso, nachdem er den Erzherzog 40 Jahre lang begleitet hatte. — *Schiffbruch oder ein Sommernachtstraum. — Spanien in Wort und Bild.*

1895 *Columbretes. — Märchen aus Mallorca. — Rondayes de Mallorca.*

1896 Ehrenpräsident der Magyar Földrajzi Társaság, Societé Hongroise de Géographie (Budapest, 18. Oktober). Korrespondierendes Ehrenmitglied der Real Academia de Historia (Madrid). Ordentliches Mitglied des Club Alpino siciliano (Palermo) auf Lebenszeit. Goldmedaille für seine auf der S'Estaca produzierten Weine bei der Exposición Balear Agrícola y Pecuaria (Manacor, 1. Oktober). — *Cannosa. — Benzert. — Die Balearen. Geschildert in Wort und Bild: zwei Bände.*

1898 Großherzogin Maria Antonia, LSs Mutter, stirbt am 8. August im Alter von 84 Jahren auf Schloss Orth in Gmunden. Kaiserin Elisabeth wird am 10. September in Genf ermordet. Verleihung der Hauer-Medaille der Geografischen Gesellschaft für seine außerordentlichen Leistungen auf dem Gebiet der Geographie (Wien, 16. Dezember). Ordentliches Mitglied des Club Touristi Triestini in Triest auf Lebenszeit. — *Alboran.* — *Ustica.*

1899 Reise ins Heilige Land mit der Yacht „Nixe II" in Begleitung von Catalina Homar, der Verwalterin des Guts S'Estaca. Sie steckt sich dort mit einer tödlichen Krankheit an. Kauf einiger Häuser und Ländereien in Ramleh/San Stefano bei Alexandrien. Ehrenmitglied der Geographischen Gesellschaft in London auf dem Gebiet der Länder- und Völkerkunde. — *Bougie, die Perle Nordafrikas.*

1900 Letztes Testament (15. Februar in Bordighera/Italien) zugunsten seines Sekretärs und Freundes Antoni Vives y Colom und dessen vier Kindern Luis Salvador („Gigi"), Luis Antonio („Gino"), Luisa Maria Magdalena („Gigetta") und Luisa Magdalena („Luigina") als Alleinerben. — *Bizerta en son passé, son present et son avenir.* — *Ramleh als Winteraufenthalt*: gewidmet Antonietta Lancerotto. — *Die Insel Giglio.*

1901 Tod von LSs Schwester Maria Isabel. Ehrenmitglied der Socièta Siciliana per la Storia Patria in Palermo. — *Panorama von Alexandrette*: Lithografie mit Text über die türkische Stadt Iskenderun. — *Voci di origine árabe nella lingua della Baleari.*

1903 Urkunde über die Teilnahme am Philologischen Kongress in Athen vom 29. Januar. — *Sommertage auf Ithaka.*

1904 *Zante.*

1905 Catalina Homar stirbt am 11. April in der Estaca an den Folgen ihrer Krankheit. — *Catalina Homar.* — *Wintertage auf Ithaka.*

1906 *Über den Durchstich der Landenge von Stagno.*

1907 *Parga.*

1908 Tod von Ferdinand IV. von Toskana, dem ältesten Bruder LSs. — *Versuch einer Geschichte von Parga.* — *Anmerkungen über Levkas.*

1909 Ernennung zum Mitglied des American Museums of Natural History in New York auf Lebenszeit (Urkunde vom 3. Dezember); Ehrenpräsident des Fomento de Turismo (Palma); Ehrenmitglied des Ateneo de Mahón (laut Beschluss der Junta directiva vom 14. Februar). — *Was mancher gerne wissen möchte. Lo que alguno quisiera saber.*

1910 Ludwig Salvator wird vom Ayuntamiento de Palma zum „Hijo Ilustre de Mallorca" ernannt. Ehrenpräsident des X. Congreso Internacional de Geógrafos in Rom. — *Die Felsenfesten Mallorcas. Geschichte und Sage.* — *Der Canal von Calamotta.* — *Sommertage auf Ithaka.*

1911 Ernennung zum Ehrenmitglied des Centro Balear in Buenos Aires und des Touring Clubs von Belgien. — *Einiges über Weltausstellungen.* — *Lo que sé de Miramar.*

1912 Ernennung zum Ehrenvizepräsidenten der Asociación de Agricultores de España in Madrid. — *Somnis d'estiu ran de mar/Sommerträumereien am Meeresufer.*

1913 Die Symptome der Elefantiasis verstärken sich und reduzieren die Bewegungsfreiheit LSs immer mehr. Wahrscheinlich hat er sich auf einer seiner Reisen angesteckt. Sein Zustand verbessert sich bedeutend nach einem Winteraufenthalt in seinem Haus in Ramleh (Ägypten).

1914 28. Juni: Gavrilo Princip erschießt den österreichischen Thronfolger Franz Ferdinand und dessen Gemahlin Sophie Chotek bei einem Attentat in Sarajewo (Bosnien). Bei deren Rückkehr hätten sie sich mit Ludwig Salvator in Triest treffen sollen. Ludwig Salvator erhält vom Kaiser die Weisung, sich zusammen mit seinem Kammervorsteher, Graf Carl Coronini-Cronberg, in die Villa Ceconi in Görz (Gorizia) zurückzuziehen. — *Lieder der Bäume. Winterträumereien in meinem Garten in Ramleh. — Porto Pi in der Bucht von Mallorca.*

1915 Ludwig Salvator verlässt Görz (Gorizia) und übersiedelt mit seinem Gefolge ins Schloss Brandeis (Böhmen). Am 23. Mai erklärt Italien Österreich-Ungarn den Krieg, und somit ist eine Rückkehr des Erzherzogs und seines Gefolges nach Mallorca unmöglich geworden. Einen Monat später beginnen die Isonzoschlachten. Trotz seines angegriffenen Gesundheitszustandes arbeitet Ludwig Salvator an der Beendigung seiner letzten Arbeiten. — *Zärtlichkeitsausdrücke und Koseworte in der friulanischen Sprache.* — Am 12. Oktober um 14:30 Uhr stirbt Ludwig Salvator in seinem Schloss in Brandeis nach einem chirurgischen Eingriff an einem Bein an Sepsis. Am 18. Oktober findet in der Schlosskapelle das Begräbnis statt. Hoftrauer bis 2. November.

1916 21. November: Kaiser Franz Joseph stirbt in Wien. Sein Nachfolger ist sein Neffe Karl. Er ist verheiratet mit Zita von Bourbon-Parma und wird der letzte österreichische Kaiser sein. — *Ausflug- und Wachttürme Mallorcas* erscheint posthum.

1917 Tod von Erzherzogin Maria Luisa Annunziata, Ludwig Salvators Schwester. Am 10. Oktober kauft Kaiser Karl I. die Domäne Brandeis von LSs Erben.

1918 12. März: Die sterblichen Überreste des Erzherzogs werden nach Wien überführt, wo am 13. März um 23 Uhr in der Kaisergruft bei den Kapuzinern die Beisetzung stattfindet. Am 18. Juni stirbt Antoni Vives y Colom im Schloss von Brandeis im Alter von 64 Jahren; er wird am Ortsfriedhof beigesetzt.

Illustrationen

Abb. 2: Bartolomeu Ferrá i Juan: Das Gefolge von Erzherzog Ludwig Salvator, undatiert. Foto: Archiv Bartolomeu Ferrá Juan, Valldemossa.

Abb. 1: Von Ludwig Salvator mit Pseudonym unterzeichneter Auftrag, 2 Exemplare von „Die Balearen" an den Nostromo Matteo Mihalich in San Rocco (Triest) zu senden, 25.7.1890. Foto: Privatbesitz H. Schwendinger.

Abb. 3: Visitenkarte Erzherzog Ludwig Salvators mit seinem Pseudonym Graf von Neudorf. Foto: Privatbesitz H. Schwendinger.

Abb. 5: Rechts im Bild die „Nixe II" in Portopí, im Hafen von Palma de Mallorca. Foto: Privatbesitz H. Schwendinger.

Abb. 4: „Die Balearen", Fotografie von Jeronimo Juan Tous, um 1950. Foto: Museo Mallorca.

Abb. 6: Horacio de Eguía Quintana: Büste von Erzherzog Ludwig Salvator, Palma 1953. Foto: Sammlung Horacio de Eguía Salvá, Palma.

Abb. 7: Miramar, Farblithografie von Erzherzog Ludwig Salvator. Foto: Privatbesitz H. Schwendinger.

Abb. 9: Figuren mallorquinischer Bauern (nach Fotografien von Bartolomeu Ferrà i Perelló), veröffentlicht in (Heinrich) Moritz Willkomm. „Die pyrenäische Halbinsel, Bd. III", Leipzig/Prag 1886. Foto: Privatbesitz H. Schwendinger.

Abb. 8: Erzherzog Ludwig Salvator: Handschriftliches Manuskript von „Schiffbruch oder ein Sommernachtstraum", in dem er den Untergang seiner Yacht „Nixe I" 1893 vor der algerischen Küste schildert. Foto: Privatbesitz H. Schwendinger.

Abb. 10: Die „Nixe I" und „La Foradada": Bild VII in „Tratado elemental de Geología" von Odón de Buen, Barcelona 1890. „Fotografie gesandt von S.H. dem Erzherzog von Österreich Ludwig Salvator". Foto: Privatbesitz H. Schwendinger.

Abb. 11: Porträt von Erzherzog Ludwig Salvator im Alter von 20 Jahren: Palma, Julio Virenque (Fotograf) 1867. Foto: Privatbesitz H. Schwendinger.

Abb. 12: Sa Coma (Landgut von Erzherzog Ludwig Salvator an der alten Fahrstraße nach Valldemossa): Farblithografie nach Ölbild von Alexander Rothaug. Foto: Privatbesitz H. Schwendinger.

Adresse der Autorin:

Dr. Helga Schwendinger
Hirschfeldweg 15/3/5, A-1130 Wien

Personenverzeichnis

A

Alcover, Theodor 117
Alexander der Grosse 16, 114
Alter, Vinzenz 117
Andrassy, Gyula 117
Antinori, Vincenzo 1, 4–11, 15–16, 20, 65, 110
Antonia Maria, von Bourbon-beider Sizilien 2–3, 11, 110, 116, 126, 128

B

Bakić, Raimond 118
Bätzing, Werner 80
Becke, Friedrich 39, 72, 117
Belcredi, Richard 117
Bondy, Giovanni 16, 111
Borkowsky, Olaf 60
Borzi, Orazio 117
Bright, Monika 50
Brockhaus, F. A. 24, 117

C

Cardona y Orfila Francisco 71, 117
Claus, Carl 48
Cotoner, Fernando 117
Cousteau, Jacques 50
Crenneville, Franz 117

D

Dallaporta, Niccolo 57
Darius II., König von Persien 114
Darwin, Charles 48
de Brady, Gräfin Laura 3–4, 11, 117
de los Herreros, Don Francisco Manuel 25, 71, 117, 119
de los Herreros, Magdalena 117
Dohrn, Anton 48

E

Erber, Adolf 117

F

Farina, Luigi 117
Ferdinand III., Großherzog von Toskana 2, 15, 69, 109, 125
Ferdinand IV., Großfürst (*siehe Ferdinand IV., Großherzog*)
Ferdinand IV., Großherzog von Toskana 2–3, 109–111, 116, 125–126, 129
Ferdinanda, Augusta, Erzherzogin 110, 116
Ferdinanda, Marie 123
Fousek, Václav 117
Franz II., Großherzog Stephan von Lothringen 2

G

Gagnan, Émile 50
Ginzberger, August 58
Gnagnoni, Fiorenzo 111
Gutermann, Walter 58–59

H

Haberler, Franz 117
Hass, Hans 50
Havránek, Bedřich 117
Herndl, Gerhard 50
Homar, Catalina 129

J

Janchen, Erwin 58
Johann, Erzherzog 32, 109, 110
Joseph Ferdinand, Erzherzog 109

K

Karl IV., Kaiser 69
Kliment, František 117
Kostelecky, Franz Vincenz 22, 117

Krauss, Friedrich 33
Krebs, Norbert 79
Kyros der Jüngere, Prinz von Persien 114

L

Ladin, Spiridion 117
Latour, Bruno 34
Leopold I., Peter (siehe *Peter Leopold, Großherzog von Toskana*)
Leopold II., Großherzog von Toskana 2–4, 10, 16, 18–26, 69, 109, 110–111, 114, 116, 118, 120, 122, 124–126
Leopold, Viktor Ritter von Zepharovich 22, 117
Leopoldo, Pietro (siehe *Peter Leopold, Großherzog von Toskana*)
Lhota, Antonin 22
Littrow, Heinrich 115, 118

M

Magni, Luigi 117
Mánes, Quido 117
March, Juan 112
Marchesetti, Carlo 39, 72
Margot, Henry 57
Maria Antonia, Großherzogin (*siehe Antonia Maria, von Bourbonbeider Sizilien*)
Maria Isabelle, Erzherzogin 110, 116
Maria Luisa, Erzherzogin 3, 110, 116, 129
Mathilde, Erzherzogin 113–114, 121
Max, Emanuel 117
Maximilian, Ferdinand Erzherzog 17
Mazziari, Alessandro Domenico 57
Mercy, Heinrich 116–117
Milković, Franz 118
Montecuccoli, Graf Raimondo 68
Morzi, Antonio 71–72
Mühlberg, Georg 114, 117
Napoleon I. 68

Neef, Ernst 79

O

Obrador, Mateo 117
Orth, Johann (*siehe Salvator, Johann Nepomuk*)
Ostermeyer, Franz 57
Ott, Jörg 50

P

Pajno, Angelo 117
Parlatore, Filippo 13, 114, 117
Partsch, Joseph 79
Passerini, Carlo 13
Paulitschke, Philipp 29, 39
Payer, Julius 47
Pazelt, Alois 117
Penck, Albrecht 79
Peréz, Arcas 117
Peter Leopold, Großherzog von Toskana 2, 3–4, 10, 69, 109, 122, 125,
Peterlin, Johann 111
Philipović, Franz 118
Pieri, Michele Trivoli 57
Piers, Alexander 111, 123
Pitrè, Guiseppe 71
Pons, José Luis 117
Pou y Bonet, Emilio 117
Prest, Alfred 115, 118
Prieto, Francisco 117
Prieto, Rafael 117
Procházka, Leopoldine 117

R

Randa, Ludwig 22, 32, 114
Randich, Alois Adalbert 115, 118
Ratzel, Friedrich 38, 40, 79
Reiser, Othmar 58
Repp, Gertraud 83
Riedl, Rupert 50
Ronniger, Karl 58

S

Salvator, Johann Nepomuk 3, 11, 16, 19, 123, 128
Salvator, Karl 3, 10, 110, 116, 128
Savi, Paolo 15
Schauer, Karl 117
Schaufuss, Wilhelm Ludwig 23, 71, 114, 117
Scheda, Joseph 117
Scherzer, Karl 47, 117
Schier, Friedrich 111
Schier, Johann Nepomuk 19–25, 32
Schlick, Otto 115, 118
Schulze, Franz Eilhard 48
Seger, Martin 80
Selleny, Joseph 47
Sforza, Eugenio Baron 11–25, 111–117, 123–124, 126, 128
Simony, Friedrich 69
Spreitzenhofer, Georg 57
Steinle, Eduard Jakob 117
Steinwachs, Ginka 82
Swoboda, Franz 117

T

Trenkwald, Joseph Matthias 117

U

Unger, Franz 57

V

Vierhapper, Friedrich 58
von Almásy, Ladislaus E. 67
von Bourbon, Maria Carolina 11
von Frauenfeld, Georg 17, 47
von Halácsy, Eugen 57–58
von Hayek, August 58
von Heldreich, Theodor 57
von Hochstetter, Ferdinand 16, 25, 37, 47, 117
von Humboldt, Alexander 30, 36, 68, 70

von Laudon, Ernst Freiherr 68
von Ransonnet-Villez, Eugen 49
von Savoyen, Prinz Eugen 68
von Stein, Friedrich Ritter 22, 117
von Stein, Lorenz 31
von Suttner, Berta 85
von Wettstein, Richard 58
von Wüllerstorf-Urbair, Bernhard 16, 47
Výborný, Vratislav 117

W

Wachsmann, Bedřich 117
Wanner, Anton 117
Werner, Abraham Gottlob 33
Weyprecht, Carl 47
Whitehead, Robert 115, 118
Willkomm, Moritz 22, 117, 132
Woerl, Leo 26, 37, 117, 127

Index

A

Admiral Tegetthoff 47
Alt Prerau an der Elbe 67
Antipaxos 25, 53–55, 58, 128
Atokos 58

B

Bakar 29, 115
Balearen 23–26, 29, 41, 65, 70–71, 85, 117, 119, 126–131
Balearische Inseln (*siehe Balearen*)
Böhmen 15, 21–22, 32, 108–109, 117, 130
Brandeis 15, 19, 22, 78, 108–109, 120, 123–124, 126, 130
Brandýs nad Labem (*siehe Brandeis*)
Bucchari (*siehe Bakar*)
Budva 115

C

Carinthia 32
Castellastva 115
Chasmophyten 54
Checkliste 59, 61

D

Dalmatien 19, 23, 49, 111, 115–117, 124
Deutschland 21, 28, 65, 79, 117
Diapontische Inseln 58
Doretes 54
Dubrovnik 115

E

England 117
Erhebungsbogen 32, 69, 72, 126
Expedition 17, 29, 30, 39, 47, 50, 114–115, 118

D

Feldforschung 36, 50, 59, 64–70, 79–85
Fiume (*siehe Rijeka*)
Flora Corcirense 57
Flora Ionica-Projekt 58
Florenz 2–3, 11–18, 35, 64, 109, 125–126, 128
Forschungsreise 28, 30, 32, 39, 66, 69
Fragebogen (*siehe Erhebungsbogen*)
Frankreich 31, 109, 117

G

Gebirgsvegetation 54
Geognosie 33–34
Gesellschaft für Erdkunde 69, 118
Gibraltar 115
Golf von Buccari-Porto Ré 111, 116, 126
Golf von Korinth 111, 116
Göttinger Universität 31
Griechenland 31, 53–61, 117

H

Helgoland 21, 115, 119, 126, 128
Herbarium Graecum 57
Herzegowina 19, 65
Historismus 35
Hvar 115

I

Ibiza 24, 118
Immutable mobiles 34
Istrien 16, 48, 115–117, 124
Italien 11, 29, 78, 113, 117, 126, 129–130
Ithaka 25, 53, 55, 57–58, 129

K

k. k. Geographische Gesellschaft 65, 66, 69, 85, 119, 126–129

k. k. Landesbeschreibungsbüro 69

k. k. Zoologisch-Botanische Gesellschaft 37

k. k. Zoologische Station Triest 48

Kaiserliche Wiener Akademie 17, 38

Kalamos 58

Karl-Ferdinands-Universität 19, 22, 65

Kefalonia 53, 57–58, 60

Korallenfischerei 51

Korčula 115

Korfu 53, 57–58, 60–61

Kotor 115

Kulturtechnik 28, 35

Küstenfischerei 51

L

Länderkundliche Schablone 30

Länderkundliches Schema 30–31, 40, 78–79

Landschaftsbegriff 28, 40

Landschaftsökologie 82, 85

Landschaftswahrnehmung 40

Larnaca 118

Lefkada 53, 55

Lingua franca 72

Liparische Inseln 24, 40, 71, 113, 115, 117, 119, 126–128

Lithologie 34

Little tool of knowledge 36

Lombardei 17, 115

Ludwig-Salvator-Gesellschaft 74, 84, 85

M

Mallorca 25, 71, 78, 111–120, 125–131

Malta 118

Mediterraner Hartlaubwald 54

Meeresbiologische Station Rovinj 48

Meereshöhlen 50

Meeresschule 51

Meeresstation 48

Meganisi 58

Menorca 32, 34, 71, 128

Messina 118

Militärakademie 68

Muggia 78, 115, 127

Museo di Fisica e Storia Naturale 4, 13–15

Museum Joanneum 32

N

Naturgeschichte 35

Naturschilderung 40

Neapel 48, 109, 118

Neophyten 61

Nixe 16, 25, 51, 55, 83, 112, 115, 118, 126, 128–129, 131–132

Nordafrika 24, 72, 83, 116, 117, 126, 129

Nordpolexpedition 47, 118

Notizbuch 34, 36

Novara 16–18, 25, 47

O

Opatija 115

Österreichische Geographische Gesellschaft 24, 66, 85, 126–129

Österreichische Kriegsmarine 17, 48

Ostrov nad Ohří (siehe Schloss Schlackenwerth)

P

Paris 34, 109, 119, 126–128
Paxos 25, 53, 55, 58, 128
Pola 47
Prag 15, 19, 22, 25, 47, 69, 72, 108
Presiek 115
Pula 115

R

Ramleh 55, 129–130
Reisehandbuch 29
Rijeka 25, 126
Rom 25, 109, 126–127, 129

S

Salzburg 2
Schloss Miramare 18, 112, 119,
    126–129, 132
Schloss Schlackenwerth 15, 109, 114
SCUBA 50
Shkodër 115
SMS Novara (siehe Novara)
SMS Pola (siehe Pola)
Spanien 21, 113, 117, 128
Sparti 58
Staatenkunde 31
Städtekundliches Genre 29
Stazione Zoologica Anton Dohrn
    di Napoli 48
Südamerika 14, 61

T

Tabula Peutingeriana 68
Tabulae Ludoviciane 33, 55, 64 ff.,
    126
Taucherglocke 49
Toskana 2, 15, 69, 110, 122
Traccia [Erziehungsprogramm] 5, 9,
    20, 110

Triest 18, 22, 48, 115–116, 127, 129
Tripolis 119
Tripolitanien 111, 128
Tunesien 111, 115, 118, 128
Tyrrhenia Expedition 50

U

Ungarn 114, 117
Unterwasserforschung 49–50

V

Venedig 1, 11, 15–19, 109, 115, 127
Vereinigte Staaten von Amerika 115,
    117–118
Vernakularnamen 56, 57
Villa Zindis 22, 113, 127
Vis 115

W

Weltausstellung Melbourne 30
Wien 14, 15, 22, 34, 37, 49, 57, 65,
    68, 72, 109, 114, 117–118, 120,
    126–130
Wissenschaftskultur 28

Z

Zadar 116
Zakynthos 29, 53 ff., 78
Zante (siehe Zakynthos)
Zindis (siehe Villa Zindis)

Über die Autoren

Wolfgang Löhnert – Rechtsanwalt Dr. Wolfgang Löhnert hat von 1978 bis 1983 Rechtswissenschaften an der Universität Wien studiert, wo er im März 1983 zum Doktor der Rechtswissenschaften promovierte. Von 1984 bis 1989 absolvierte er eine Anwaltsausbildung und ist seit 1989 in die Liste der österreichischen Rechtsanwälte eingetragen. Seit 1993 ist er geschäftsführender Alleingesellschafter der „Sommerakademie Griechenland" auf Zakynthos. Von 2002 bis 2007 war er zudem Veranstalter und Intendant der Sommerfestspiele Perchtoldsdorf. 2002 gründete Dr. Löhnert die Ludwig-Salvator-Gesellschaft, die er bis heute leitet.

Marianne Klemun – Ao. Univ.-Prof. Mag. Dr. Marianne Klemun ist am Institut für Geschichte der Universität Wien beschäftigt, schloss ihr Studium der Germanistik und Geschichte an der Universität Wien neben ihrer Lehrtätigkeit in der Erwachsenenbildung 1986 ab. Das Doktorat erwarb sie 1992, 2002 erfolgte die Habilitation; sie war nach Auslandsaufenthalten von 2006 bis 2012 Vizedekanin der Historisch-Kulturwissenschaftlichen Fakultät der Universität Wien. Ihre Forschungsschwerpunkte sind: Wissenschaftsgeschichte als Kulturgeschichte, Geschichte des Reisens, Sammelns, des wissenschaftlichen Alpinismus, der Botanik und Erdwissenschaften (im 18. und 19. Jahrhundert).

Reinhard Kikinger – Dr. Reinhard Kikinger hat Zoologie und Physik an der Universität Wien studiert, wo er an der Abteilung für Meeresbiologie über Entwicklungszyklus und Schwimmverhalten mediterraner Scyphomedusen 1984 dissertierte. Er war an zahlreichen meeresbiologischen Forschungsprojekten im Mittelmeer, im Atlantik, der Karibik und im Persischen Golf beteiligt. An der Universität Wien lehrt er „Biodiversität tropischer Korallenriffe". Es ist ihm ein besonderes Anliegen, Tourismus und Meeresbiologie zu verbinden. In diesem Kontext gründete er eine meeresbiologische Station auf den Malediven, die er auch lange Zeit leitete.

Christian Gilli – Mag. Christian Gilli hat an der Universität Wien Biologie studiert und 2013 das Diplomstudium Botanik abgeschlossen. Derzeit arbeitet er als Lektor an der Universität Wien und als freiberuflicher Biologe. Seit mehreren Jahren beschäftigt er sich, als Teil der Flora-Ionica-Arbeitsgruppe mit der Erforschung der Flora und Vegetation der Ionischen Inseln.

Helga Schwendinger – Dr. Helga Schwendinger studierte Deutsche Philologie und Geschichte an der Universität Wien, wo sie über Erzherzog Ludwig Salvator bei Univ.-Prof. Günter Hamann († 1994) dissertierte. Sie lebte über zwanzig Jahre auf Mallorca als Deutschlehrerin, Übersetzerin und Geschäftsführerin eines Kunst- und Buchantiquariats, publizierte diverse Bücher und Artikel über Erzherzog Ludwig Salvator und organisierte Ausstellungen (u. a. zusammen mit dem tschechischen Nationalarchiv in Prag) über ihn und die Habsburger in der Toskana.

Gerhard L. Fasching – Dr. Gerhard L. Fasching ist Mitglied der Österreichischen Geographischen Gesellschaft und Absolvent der Theresianischen Militärakademie. Nebenberuflich studierte er Geografie, Geologie und Politikwissenschaften. Nach dem Truppen- und Stabsdienst wurde er dem Militärischen Geo-Dienst zugeordnet, dessen Leitung (Brigadier) er zuletzt innehatte. Ab 1975 widmete er sich der universitären Forschung und Lehre, und ab 1994 engagierte er sich zudem auch als Ziviltechniker und Sachverständiger.

Eva Gregorovičová – Dr. Eva Gregorovičová studierte von 1975 bis 1988 Archivistik mit historischen Hilfswissenschaften – Geschichte an der Philosophischen Fakultät der Karlsuniversität in Prag. Seit 1991 ist sie Facharchivarin des Nationalarchivs in Prag. Von 1980 bis 1988 war sie Direktorin der Abteilung für Land- und Forstwirtschaft, von 1996 bis 2012 stellvertretende Direktorin der Abteilung für nichtstaatliches Archivgut und Archivsammlungen, und seit 1991 ist sie Referentin für den komplizierten Archivbestand Familienarchiv Habsburg-Toskana. Sie ist Kuratorin zahlreicher Archivausstellungen und Verfasserin wissenschaftlicher Studien und Sammelwerke. Gregorovičová ist Trägerin zahlreicher Auszeichnungen und Verdienstmedaillen für ihre Leistungen im Archivwesen.

Instructions for Authors

The *Series "Interdisciplinary Perspectives"* publishes extensive papers, monographs and thematically cohesive work of the Commission for Interdisciplinary Ecological Studies and the Clean Air Commission of the Austrian Academy of Sciences. The series focuses on novel and innovative interdisciplinary approaches. Submitted manuscripts may not have been published elsewhere and should be written in English. German may be used if the work addresses local and regional problems in Austria and the potential readership is German speaking. The abstract must be in English. Submitted manuscripts will be reviewed by at least two qualified anonymous referees.

Manuscript submission

Manuscripts should be submitted electronically in MS-Word format.
Manuscripts have to be submitted to the editoral office.

Manuscript, general layout

The manuscripts should be unformatted (i.e. no italics, no bold, no underlined, no automatic syllable separation, no double spaces between paragraphs). However, scientific taxonomic names (genus, species) should be in italics. Tables, Figures, and Figure Legends should be saved as separate files. Attention should be given that each file can be accessed and is not protected by password.

The contents should generally be arranged in the following order: Abstract (150–200 words), Introduction, Materials and Methods, Results, Discussion, Summary, References, Tables, Figure Legends, Figures, Appendix (optional).

Tables should be generated with MS-Word or MS-Excel and numbered consecutively in accordance with their appearance in the text. Footnotes to tables should be placed below the table body and indicated with superscript lowercase letters. Vertical rules should be avoided.

Figures should be submitted as EPS (convert text to "graphics") or TIFF, with extreme care given to legibility after size reduction. Photographs should be attached as TIFF or JPG (minimum 300 dpi resolution). The Figures and Tables should be numbered consecutively in accordance with their appearance in the text. Figure Legends should be sufficiently informative that the results can be understood without reference to the text.

References

References within an edition should be formatted consistently. The most appropriate form of the Chicago Manual of Style (http://www.chicagomanualofstyle.org) should be used.

Editorial office

Commission for Interdisciplinary Ecological Studies (KIOES)
Austrian Academy of Sciences
Dr. Ignaz Seipel-Platz 2, 1010 Vienna, Austria
Viktor J. Bruckman (e-mail: viktor.bruckman@oeaw.ac.at)
Phone: +43–1–51581 3200